雷神

雷議宗、黃淑惠 著

主廚的對症健康菜

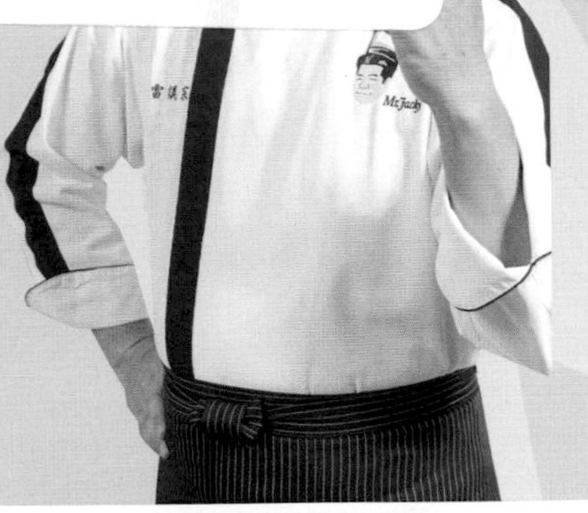

御廚雷議宗＋中西營養師權威黃淑惠，精心設計 100 道家常宴客菜，以日常飲食方打造不生病體質，從降血糖、控制膽固醇、抗癌、防失智，到平衡免疫力等 8 大類身心失調，統統搞定

常常生活文創

美味和健康都擺第一的健康好書

《健康 2.0》節目監製兼製作人　陳韶薰

我是《健康 2.0》節目監製兼製作人陳韶薰，我推薦這本雷神主廚正式的第一本書《雷神主廚的對症健康菜》，主要就是因為雷師傅一語道破「健康之道就是對症下菜」，也就是所謂的「病從口入」，很多疾病是吃出來的，吃錯東西讓身體慢性發炎、累積毒素。但是也有很多疾病是因為均衡的餐盤、健康的飲食料理，讓身體重回健康體魄。這顯然就是「水能載舟，亦能覆舟」的道理。

雷師傅與本節目長期配合，不管節目單位使出什麼樣的難題與疑難雜症，雷師傅總是使命必達，挖出台灣在地食材，善用營養學，搭配中醫藥食，創新出一道又一道好吃、美味又營養的健康食譜。和同樣是本節目固定來賓的黃淑惠營養師，一起為大家獻上這 100 道美味健康食譜，期望對大家的健康貢獻心力。

當我看到這些厚厚一疊的書籍文稿時，內心非常的感動。因為他真的非常有心，和出版社合作，將疾病分門別類、對症下菜，方便大家尋找。每道料理的搭配、關鍵食材、營養功效，統統具備，堪稱完美的食療事典。不管你是愛吃肉類，還是愛吃海鮮、魚類以及蔬食的人，雷師傅都有辦法變化出既美味又養生的天然養生料理。

甚至，你有心血管疾病，還是有消化道問題嗎？擔心吃那不好、擔心吃這不對，這本《雷神主廚的對症健康菜》，就是一本可以邊翻食譜做菜，還能邊調養健康，同時趁機用健康菜食譜打造健康的身體，為未來蓄積更多的健康本錢。我大力推薦給您。

推薦序二

絕不能錯過，一兼好幾顧的最佳美食健康書

敏盛醫院副院長　江坤俊醫師

和雷師傅認識一轉眼也 5-6 年了吧！他常上《健康 2.0》節目做料理示範。

一開始對他的印象——就是一個臭屁的廚師，但這幾年和他的相處下來，已經完全知道他是一個用心在做菜的瘋狂料理人。看節目的時候大家可能就覺得一道料理往往在吵吵鬧鬧中就完成了，整個過程行雲流水，似乎沒有什麼困難的地方。

但你們知道雷師傅背後下了多少的苦功嗎？從材料的選擇，接著到市場挑最新鮮的食材，再苦心思考最適當的料理方式，還要反覆試煮好多次，逐一調整到位才行。每一次在鏡頭前呈現的美味料理，背後隱藏的則是他的汗水和淚水，這些都是不為外人所知的辛苦。儘管努力不一定成功，但成功一定需要努力。雷師傅就完完全全證明了這一點。

話說回來，很高興看到我的好友雷議宗出書了。這本《雷神主廚的對證健康菜》新書，他要教我們的是如何用好料理來照顧自己和家人的健康，愈吃愈美味，愈吃愈健康。

你可以不買名貴的包、名貴的車，但你每天一定要吃東西。沒有人會反對健康是最大的財富，因此，能夠用吃來顧健康，同時又滿足口腹之慾，又照顧了身體，這就是我覺得最划算的事。這本書，就讓你同時可以做到這些好康。而且，看完這本書，你絕對就是下一位健康料理人，何樂而不為！

這本好書，推薦給我自己，也推薦給每一個人。

神級人物的神級健康料理

《健康 2.0》節目主持人
鄭凱云

雷神主廚雷議宗，真的是電視料理主廚中的「神級人物」。他認真、專業、親和，而且充滿創意。不管是養心料理、健腦點心、還是保護關節的健康餐，只要凱云和《健康 2.0》製作單位拋給他關鍵食材，他總是能漂亮接招，設計出千變萬化，「好看」、「好吃」又具「功效」，連初學者都「好上手」美食健康佳餚。

除了家常菜，他還會為節目帶來高檔食材和澎湃料理，包括龍蝦、螃蟹、黃金鯧魚等等，都曾登上他的節目菜單。不管是大宴或是小菜，他總是讓整個攝影棚香味四溢，常讓凱云邊主持節目邊吞口水，肚子還咕嚕咕嚕的叫著湊熱鬧。

很高興雷師傅把在《健康 2.0》中分享的 100 道創意養生料理，集結出書，讓大家能直接把電視中的健康美味佳餚搬回家，讓每個人都口齒留香、健康升級。

此外，更令人高興的是，雷神主廚還邀請了同樣也是節目固定來賓的黃淑惠營養師作為共同作者，讓本書的營養部分得以無懈可擊，成為一本好吃、好看、好營養的對症調養書。

凱云大力推薦這本新書《雷神主廚的對症健康菜》給大家，請大家人手一本，支持雷神主廚和淑惠營養師，以及本節目，讚！

美味與健康同樣重要，好食材、好美味、好療癒

雷議宗

說起來，《雷神主廚的對症健康菜》應該算是真正屬於自己的第一本著作，以往其他書籍都屬於跨刀性質，也因此，我特別興奮能夠出版這本書，更感謝和我一起在「健康 2.0」節目當中合作的黃淑惠營養師，願意成為這本書的共同作者，讓本書在美味之餘，更有了專業的保證。正因為有了她的承擔，使得本書能成為一本名正言順的「美味健康書」，相信讀者只要打開書本，就一定可以感受到我們的用心。

回首這些年，離開行政主廚這個職位之後，一路走來，我只為一件事情，就是如何利用在地食材持續研發和鑽研「美味健康菜」。這件事情就是我的使命，我將此列為生命中最重要的頭等大事，除了希望帶給人們健康，更是要推廣在地的鄉土美味，為了這個志願，我們集結了健康 2.0 的王牌製作人陳韶薰、主持人鄭凱云、江坤俊醫師、黃淑惠營養師、于美人姊、花蓮縣長徐榛蔚等醫界、營養界、媒體界和各界人士，共同推廣「本土的健康美食」這個概念，希望能為台灣這片土地所有的農特品和相關產業鏈，還有人們的健康努力，以美味健康菜為媒介，讓人們將健康吃進去。

其實，當初確實也是受到了刺激和啟發才讓我無怨無悔地走上這條路。刺激來自於幾位受人敬重的演藝界前輩，和周遭親友受到病痛侵擾，尤其是對父親的病情束手無策時的徬徨無助。這讓我真正體會到生老病死的無常。啟示則是來自於環台舉辦料理示範活動時，感受到無數的參加來賓對健康的渴求與盼望，他們的眼神透露

出希望透過我們研發出一道道創新的料理，希望有機會借助食物，改善他們的健康。

我對於大家的支持固然驚喜和興奮，卻也更感到責任重大和義無反顧。「原來，我們做菜可以發揮如此巨大無比的能量」，這個感悟讓我徹底醒覺，而回想到父親與其他至親所遭受的痛苦，更讓我毅然決然走上這條路。

或許是上天也感受到了我的決心，所以，讓我得以順利地利用健康節目這個平台展現出自己的廚藝，同時也能將「美味健康」的概念透過料理帶給每一位朋友。如果大家在追尋健康的路途當中，這些好吃的健康菜餚能貢獻出一份心力，余願足矣。

最後，還要感謝常常生活文化的編輯團隊，從邀約出版、文字編寫、內容編輯、食譜拍攝等等過程都全力以赴，在最短時間內將本書製作完成，並順利出版。感覺像是完成了一件不可能的任務，我的內心只有感謝、感謝、再感謝。

希望透過這本書，大家能吃得健康，吃得美味，吃得長命百歲。我會繼續走下去的，懇請大家也跟著我一起利用美味健康菜，持續健康下去。

營養學＋藥食同源，激盪出最不一樣的健康美食書

黃淑惠

從事營養師工作30餘年，參與了學校營養教育、學生餐廳團膳經營、醫院臨床營養諮詢、社區長期照護和癌友飲食照護等不同面向的營養工作，甚或有機會參與媒體有關健康議題的討論。這讓我深刻體會到人民的健康意識真的大大抬頭了。早年似乎只有去醫院就診的病人才會想到找營養師進行膳食療養，但隨著資訊快速傳播，人們已經有了「藥補不如食補」的概念，知道食物即具有治療與預防疾病的神奇功能、只要吃得其所、對證下食、自能彌補身體的虧損、邁向健康長壽。

特別在「亞健康」年代，大家似乎都沒什麼大毛病，但就是有些不對勁，可能常感疲倦、記憶力衰退、體力不支睡不好、體重失控血壓高等諸多問題，雖然還沒到需要藥物治療的程度，但就是不舒服。如何能找回真正身心靈平衡的真健康呢？改變生活形態很重要，特別是飲食生活。

人靠食物維持生命，各種營養素左右人體機能運作，因此只要了解自身不舒服的原因與飲食中哪些營養素相關，從症狀去尋找相對應的營養素或食物去做調整，許多問題就能迎刃而解。

多年的臨床飲食指導，讓我了解面對各式各樣的症狀，營養師必須各方考量才能擬定出適合的飲食處方。包括營養素功能、營養素之間的交互作用（加成或抑制）與需要份量制訂等。因為太複

雜，一般健康書籍很少將各種的食療方統整出來，而今因為雷議宗師傅的邀約，讓我嘗試地做了這項有意義的工作。

與雷師傅相識於健康 2.0 節目，針對許多健康議題大家彼此合作，不同症狀的飲食處方，只要交給雷師傅就變成了一道道佳餚美食。長年下來，雷師傅已經設計出了上千道的美食，並有了集結成冊的想法，也才有了這本《雷神主廚的對症健康菜》的出版。

謝謝他的邀約，讓我有機會將不同症狀的飲食療法作分類與統整說明，再配搭上他精心設計出的食譜，幫助大眾能夠很快速的在書中找到適合的飲食處方和美食烹飪法。很喜歡雷師傅的食譜，在地食材、原型食物，以及簡單快速的烹調，卻是色香味俱全，相信大家都能很容易上手。

因為「實踐」很重要，單有學理沒有實踐，一切空談，希望雷師傅的美食分享能讓大家從中獲得啟發，嘗試烹調後能舉一反三，延伸出更多變化，懂得利用食物協同作用，讓食物發揮加乘功效，為自身健康做出最好的照護。

目錄

Chapter 12 內分泌系統——
荷爾蒙、肥胖、身高、生理期、痘痘、女性調理、衰老

Chapter 13 肌肉骨骼——筋骨、關節、肌肉

Chapter 14 免疫系統——發炎、過敏、感冒、免疫力、癌症

PART 01

始終堅持創造美味健康料理

雷議宗

CHAPTER 1

難忘的廚師歲月

三生有幸成為國宴御廚

花蓮，是個讓我難忘又徹底愛上的地方，也是讓我走上不一樣人生道路的原鄉。

當初，會到花蓮的這家五星級飯店，其實是個很奇妙的過程。

那時候，我還在台北一家遠近馳名的日本料理店擔任廚師。店裡的座上賓政商雲集、非富即貴，是台北最火紅的一家店，沒有預約幾個月還無法吃到。所以擔任廚師的我也是幹得風風火火，儘管如此，心中還是不時冒出不同的念頭，但也是念頭而已。直到有一天，一位知名集團的趙董事長找我去吃飯，一切才發生改變。

我原以為那是一場普通的晚宴，因此穿得西裝筆挺。然而，晚宴開始後沒多久，平常彬彬有禮，語氣溫和的趙董卻突然以命令的口吻對我說：「你現在就去廚房做五道菜給我看看。」

聽到這句話，我當場愣了一下，不知趙董何意，也不知為何，他的語氣也不似平時友善。儘管心中不悅，我還是耐住性子往廚房走，脫下西裝、挽起袖子，就地取材，根據廚房現有的材料立刻做了五道菜出來。

破格提拔我的趙董，不只大力提攜我，更是改變我人生的推手之一。

我將這些菜一一端到桌上之後，便一眼也不看趙董，放了就往外走。趙董自然知道我的心情，也不挽留，自行開始了試菜。許是十分滿意我的成果，不久他馬上請人和我接洽接下他旗下飯店「行政主廚」的事宜。儘管當下我確實相當不悅，然而，不得不說，那卻也是我人生的轉捩點。

花蓮不只提供了我獨當一面的機會，還讓我因此看到了的人生百態，更不可思議的是——我竟因此有機會成為國宴御廚，在各種不同場合的國宴展現廚藝、為國爭光。這樣奇妙和驚奇的人生體驗讓我大開眼界，也讓我成為更好的自己。

這些經驗讓我立志在增加自己影響力的同時，也想要為社會留下不可抹滅的事蹟。這成了我對人生的期許。

另外因為飯店在花蓮美麗的海邊擁有無敵美景，再加上主題樂園的號召力，除了讓人潮洶湧、熱鬧非凡之外，更吸引了很多偶像劇的劇組來取景。

只要劇情提到餐飲的部分，劇組就會希望我們餐飲部做相關支援，提供餐飲建議、飲食烹煮指導、實際餐飲食譜擺盤呈現示範……相關事情。幾次合作下來，劇組就發現我所帶領的餐飲部門，不只反應快速、效率良好，做出來的菜更是令人驚豔。所以，

在偶像劇中實景實拍，示範餐飲製作。

好口碑愈傳愈廣，也就愈來愈多劇組只要到花東，就會找我們合作。

這樣日子久了，不僅和各劇組人員相熟，也認識越來越多演藝人員，奠定了我後來轉戰電視圈的基礎。同時更在因緣際會之下有機會踏上參與國宴製作的舞台，這是我身為廚師最感到光榮的一件人生大事。

除了參與國慶、邦交國宴會等各種正式國宴場合的餐飲製作，我還曾在李登輝總統、陳水扁總統、蕭萬長副總統等國家元首的家宴中掌廚。承蒙各界朋友看得起，也曾為張惠妹、林志玲等朋友製作他們的宴會菜色。

在這些過程當中，我充分感受到「人生以服務為目的」的快樂與充實。那是一種無法言喻的幸福，我用我最在行的手藝，讓大家在充分享受我製作的餐點後，以高興又驚喜的語氣說聲「謝謝」，那種成就感就是支持我繼續走下去的最大原動力。

只能說，這輩子，當廚師是我最榮幸的事情，也是我一輩子的樂趣所在。

感謝李登輝總統、陳水扁總統、蕭萬長副總統，這幾位元首、長官的愛護。

CHAPTER 2

轉換生命方向

豁然大悟，走向健康飲食

在花蓮的十幾年，我徹底愛上了花蓮，因此在那裏買房置產、落地生根，一家人都成為道地的花蓮人，即使因為工作常常需要在台北與花蓮間通勤，我依舊會在一天的疲累後，愉快地搭上回花蓮的火車。更因為在花蓮，我的人生有了重大的突破和轉折，使得我獲得了展翅高飛的本錢。正因為我如此深愛花蓮，也因此當到了要轉折的時間點，內心的掙扎十分劇烈。

我在花蓮飯店的十三年時間裡，可說是和飯店一起成長，見證飯店的草創和興盛。看著它從無到有，再到長大茁壯、開花結果，綻放出絢爛的花朵。這是我回首十三年歲月時的最大的成就和欣慰，雖然無盡地不捨，然而我卻能挺起胸膛對自己說：「我對得起自己，也對得起飯店和趙董的栽培。」

認知改變的那天，是在經歷了一整天的忙碌後，我偶然走出廚房一看，滿天的晚霞震撼了我。看著眼前的美景，內心突然有根弦被觸動。在匆忙之間，我感受到了生命即將轉彎的訊號。

身為行政主廚，就是整個廚師部門的領導者，但等於是離「廚師」這個以做菜為天職的角色愈來愈遠。起碼，我是這麼認為的。我還年輕，不到四十歲的年紀，如果我整天埋首在這些繁瑣的行政事務上，那往後幾十年的我會變成什麼樣子？那是我不敢想像的！

於是，我知道，又到了再出發的時候。

但是，花蓮的自然、純樸、實在、安靜早已擄獲了我的身心靈，讓我心甘情願成為它的俘虜。於是為了更了解、研究花蓮的農產品，我整了一塊地，和遠房的堂姐一起種起了各式各樣的無毒農產品。因為工作的關係，我必須到處跑，所以我和她先商量好要種哪些作物，再由她去種植。長久下來，我不僅非常熟悉花蓮的土壤特性和天候特點，也令自己更靠近花蓮這塊樂土。

正是因為與這片土地有這麼深的連結，也因此決定離開飯店的時候，充滿了許多的不捨，也對未來充滿了徬徨，但是在和遠房的堂姊聊了非常多關於花蓮土地、特產、人口、觀光、產業和未來等等諸多的話題後，雙方靈機一動，都贊同何不從土地和作物開始嘗試，看看能否從這個角度切入，走出一條不一樣的路。儘管未來會怎樣也都不知道，但是有了「摸著石頭過河」的態度，決定先踏出去就是了。

就這樣，離開飯店一陣子，我預備開始在健康 2.0 節目當固定班底之前，有一天在回花蓮的路上，我靈光一現：「我就做出有花蓮特色的美味健康菜就可以啦！」

難得在山上寺廟前拍照，算是紀念自己的在此的好日子。

美味健康菜就是從這裡開始發芽生長的，所以愛鄉、愛土是一定要的。

不過，知易行難，實際去做後才發現困難重重。種植、生產與通路、行銷、資金都是大哉問。這四大問題沒有克服之前，離這個夢想能夠實現有一段遙遠的距離。

因此，我一邊上節目、研發各種美味健康菜，將其中的精華集結成本書；另一邊和不同的廠商合作，開發各種商品，訓練自己對產品、通路、行銷的敏感度及經驗值。當然，最重要就是，鍛鍊自己籌集資金的能力和人脈，才是將來能否成功推廣花蓮特色農產品的關鍵。

健康2.0這個節目鍛鍊了我的廚藝，也開拓了我的視野，為我成為未來的「花蓮農產王」奠定了堅實的基礎。

總之，我離開飯店後，沒有離開花蓮，反而以此為出發點，在逐漸摸索中，展開一段不同的人生冒險。對我來說，這是意料之中的艱難路途，卻又是意料之外的驚喜試煉，我喜歡。

在花蓮最滿意的成就：參與縣府的諸多活動

回想這些年的時光，由於我都以發揚花蓮在地健康美食為己任，因此也受邀參與多項縣府舉辦的活動。其中，最令我驕傲和高興的就是受花蓮縣政府的委託，完成了「花蓮十三鄉鎮農特產品特色美食的研發」。

話說當時在一次縣府舉辦的集團結婚的活動過程當中，為了創新和展現新氣象，我們團隊特別企劃了將花蓮每個鄉鎮的農特產品入菜的這項創舉。以下我將創新的料理組合成「縱谷東岸美食集特

花蓮縣長徐榛蔚大力推動讓花蓮各鄉鎮農特產品走出去的政策，不餘遺力地舉辦多項相關活動，並充分支持各項創新事項，讓花蓮成為創新、環保和有機的沃土！

色菜單」列表，給大家參考。

縱谷東岸美食集特色菜單表：

鄉鎮名稱	農特產品	研發的特色菜
吉安鄉	**芋頭**、吉野一號米、韭菜、龍鬚菜、山蘇、菌菇類、當歸	吉祥安康鴛鴦配——錦繡御膳佛跳牆
花蓮市	**麻糬**、無毒蔬菜、蜂蜜、桑椹、竹筍	花開蓮蒂喜常開——明蝦沙拉綠竹筍奶焗燒
秀林鄉	**芋心地瓜**、水蜜桃、山蘇、甘薯	秀月林星渡鵲橋——魚子蜜桃瓜果沙拉盤
壽豐鄉	**黃金蜆**、**台灣鯛**、貴妃魚、龍蝦	壽福豐貴樂長春——金蜆蒜汁蒸龍蝦
新城鄉	**曼波魚**、鰹魚、醃漬酸菜	新緣城結三生約——紫心番薯芋蓉酥拼碧綠酸菜燴曼波
瑞穗鄉	**蜜香紅茶**、**南瓜**、鮮乳、咖啡、柚子、鳳梨、苦瓜、彩色甜椒	瑞祥穗滿慶有餘——茶香金瓜東坡肉
鳳林鎮	**糯米**、剝皮辣椒、花生、草莓、客家菜包	鳳鑾林鳴呈吉祥——牛奶草莓波士頓派拼客家麻糬
玉里鎮	**網室豬肉**、**玉里羊羹**、**金針**、玉溪米、碧玉筍	富玉雙里相輝映——金針椴姑四寶盅
光復鄉	**黃藤心**、**黑糯米**、紅糯米、箭竹筍、樹豆	豐濱光復同譜曲——紅蟳飛魚圓籠米糕
富里鄉	**金針**、香菇、富里米	富玉雙里相輝映——金針椴姑四寶盅
萬榮鄉	**放山土雞**、豬腳、山蘇	萬年榮慶天作合——桂花梅汁白切雞
豐濱鄉	**飛魚**、旗魚	豐濱光復同譜曲——紅蟳飛魚圓籠米糕
卓溪鄉	**李子**、香魚、梅子、玉米	卓躍溪源樂百年——卓溪四季桃李果

CHAPTER 3

摸索出來的新人生觀

持續不斷創新美味健康料理

其實，在成為健康 2.0 節目的固定班底之前，我摸索了好一陣子。儘管頂著國宴御廚的名號，在外闖蕩的路並沒有想像中那般順風順水。於是，當有廠商找我合作推廣鍋具時，我沒有多想就答應了，我當作是重新出發的第一步修練── 捨棄過去的自己，才能打造新的自我。

就這樣，配合廠商在各地的推廣活動，開始了我全台走透透的行程，整年都在各處奔波中度過。一年下來，在全台各大百貨通路，配合廠商整整辦了超過一百場的推廣活動，使得該廠牌鍋具的獲利十分不錯，更讓他們樂不可支，當然，我也得到了滿滿的收穫。

在各大百貨、賣場做示範料理的日子，讓我擺脫了過去的包袱，進而掌握了成為「人氣王」的秘訣。

首先，就是認識到全台各地不同的消費力以及消費喜好，這點非常重要。試想，接下來推廣其他產品，或是辦其他活動時，不就能因地制宜地依照各地朋友不同的需求推出更符合他們的產品與活動，這對銷售自然更有幫助

舉例來說，台北活動人多但是買氣卻不見得高，而台中活動人不

多，但是買氣卻最好，業績一來一往可能差了好幾倍。這一點完全出乎我意料之外，顛覆了我對「天龍國」的想像，也同時見識到什麼是「外行看熱鬧、內行看門道」——任何事情水面上和水面下往往天差地別，千萬不能只看表面。

要笑容可掬、要親切、要放下身段、要和大家互動熱絡，人家才會喜歡你。

再來則是徹底體會到了產品（包含成本）、通路、行銷等方面整合出來發揮的強大功能。合作廠商除了對產品品管非常要求以外，更對成本控制到無法想像的地步；再加上經驗豐富，事前早就已經把各通路、百貨公司、賣場等地方的行銷規劃完善，什麼地方該做什麼事情、該接觸什麼人、規模該大該小、預算該編列多少、人員管控怎麼做、食材及工具的準備……鉅細靡遺，都在事前統統搞定，我到了現場馬上就可以進入狀況，利用各式鍋具邊說邊做，並烹製出讓人食指大動的美味佳餚，再加上現場工作人員的服務與解說，業績怎麼可能不好！

最後，更可以看看別人、想想自己，回到自身確認自己在社會大眾、心目中的位置，這些思考對我接下來的人生規劃與目標產生了決定性的影響。

一開始，因為這些示範活動和單純在廚房做菜有非常多的不同，比如場地、鍋具、爐火等條件各地不盡相同，再加上烹煮過程中還要一邊解說一邊和現場來賓互動，來賓的任何問題都要回答，整個過程每每驚險萬分，一不小心就會出錯，如果回答得不得體，得罪來賓可就慘了。剛開始還不習慣的時候，很多時候都手忙腳亂，甚至被搞得狼狽不堪。好在經過一陣子的磨練之後終於逐漸上手，才慢慢駕輕就熟，應付自如。

令人慶幸和想不到的是，剛開始的時候，很多人都還不認識我，但是經過終年地努力，愈來愈多人認出我就是那個年輕的國宴御廚。這對我是很大的鼓舞，畢竟在廚師界的評價和大眾心目中的認可程度所代表的意義是不同的。經過這樣的歷練後慢慢掌握相關差異與訣竅後，我終於走出了屬於自己的方向。

比如說，當時辦活動時，剛好和另一位名廚在同一個地點的不同櫃位辦活動。他受歡迎的程度是我無法比擬的，現場來賓人數相差巨大，但是工作人員告訴我去他那的都是看明星的，而來我這的則都是貨真價實要認識產品和看我廚藝的。

這句話激勵了我。「對啊！我是認真做廚藝的廚師，只要把鍋具的特性發揮到淋漓盡致，同時將菜做好，讓大家認同自己就可以了，其他不用想太多。」秉持這個原則和做法，接下來果然順利很多。我不在乎來賓的多寡，只想全力做好事情。逐漸地，工作人員、來賓、百貨公司和賣場人員……的好評愈來愈多，讓我知道自己的方向沒有錯——走入群眾才是我接下來應該走的方向。

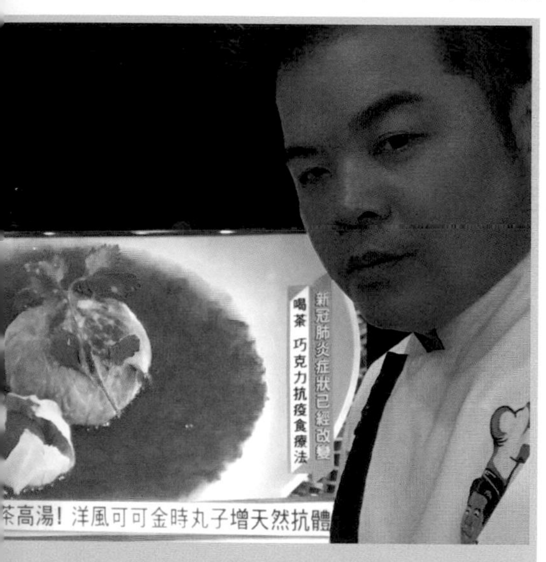

現代人愈來愈長壽，自然希望好好快樂地活著，透過養生食療就是追求健康中最重要的方式之一。

在和每個人接觸的過程當中，我更確認了當初認定「健康風」的路子是完全正確的。健康養生盛行的現在，這部分自然是最多需求的一個藍海市場，我身為廚師，能做的事情太多了，只要先把「美味健康菜」好好做出來，後續自然有更廣闊的天空在等我。

就像是命中注定，當我這些想法日漸成熟，我遇到了健康 2.0 的製作團隊。那時候，我就知道，起風了！

CHAPTER 4

好吃第一，養生優先

讓更多人學作美味健康料理成為使命

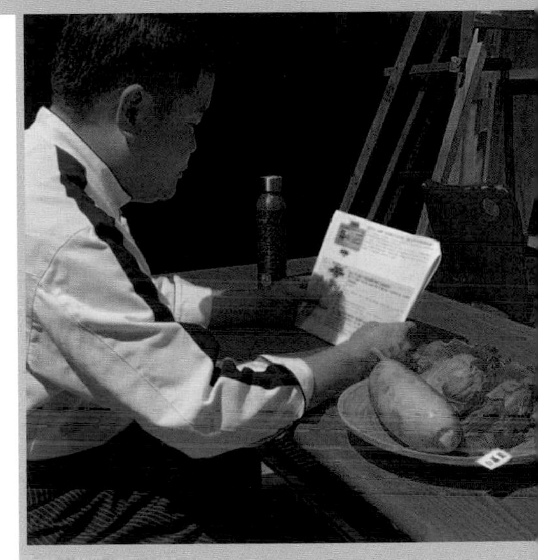

每週的節目都需要八到十道的創新健康養生料理，不努力研發、鑽研是不行的。為了大家，拚了！

說起和製作團隊的緣分就要說回當初幫各偶像劇劇組製作和示範食譜的時候。因為當時的緣分，認識了不少演藝界相關人士、朋友，所以在製作團隊尋找節目固定班底的廚師人選時，就有人推薦我了。

因為和製作人相談甚歡，加上和鍋具廠商的合作差不多告一段落，而且這段日子我已經精進了面對群眾的能力，這對接下來面對鏡頭的考驗有相當大的助益，起碼，不止不會再害怕在眾人面前展示廚藝，反而習慣之後，還更喜歡面對鏡頭做菜的感覺。那是一種能夠和無數人分享自己的食譜的一種光榮感，在這個過程當中，我徹底享受到身為廚師的幸福。我也明白自己終於找到了屬於我的位置！

在這幾年參與節目的製作與拍攝的同時，我給了自己一個任務——絕對要和別人不同，每一道菜和每一個食譜都要有創新的元素，都要是充滿創意的結果。這一點，看看大家的回饋和整個過程，我可以大聲的說：「我做到了！」

當初，製作單位有提到希望以做出「美味健康菜」為目標，同時求新求變。這兩大目標前一個和我自己的規畫符合，後一個目標我自然也願意，但是要如何實踐，就費人思量了！

不過我沒考慮多久就答應了。因為我心想，既然都走出來了，當然要和別人不一樣，有什麼好怕的！就這樣，我順利成為「健康2.0」的固定班底，也才有本書精選出的一百道菜了。

不過這一百道菜的研發過程絕對不輕鬆。不止每個禮拜都要接受考驗，想出八到十道不同的料理和菜色，還得兼顧美味和健康，同時間我還要到學校上課、出席各項活動當評審，或是參與代言廠商的活動⋯⋯事情多不勝數。

因此我養成一個習慣，只要一接到製作單位的指令，我就會先「在腦海中把菜做出來」，只要覺得可行就馬上試作，確認實際的味道、香味和盤飾、擺盤等部分行不行。一開始，這樣的方式通常要調整多次後，才能派上用場，實際做出來前更要陸續微調，等開鏡錄影時才能將菜色調整到最佳狀態，作出令人滿意的料理。

因為有過去的好名聲才能獲得製作單位的青睞，成為其中的一員。真的是「人在做，天在看」，和大家共勉之。

就算在比賽當評審，空檔之餘腦海中還是在思考如何設計新食譜。當然，比賽中選手的創意和創新想法，也會是幫助我突破的來源之一。

就算在比賽當評審，空檔之餘腦海中還是在思考如何設計新食譜。當然，比賽中選手的創意和創新，也是幫助我突破的來源之一。

歸納起來，這一百道料理最大的特點有幾個：一是先美味再健康，二是不重覆又創新，三是人人可學人人可作。

先美味再健康

先美味，再健康，這是我所有料理創作的來源。當初，在花蓮時其實就已經有這樣的想法。不只是因為花蓮當地有非常多好的、原始的食材，更是因為自身對健康的體會。當親友的健康發生問題，再看到長輩的飲食和生活習慣因為病痛而不得不改變時，那種無奈和因此失去生命意義的莫可奈何，令我恍然大悟。飲食的重要性不僅僅在於口腹之慾而已，更是人性與尊嚴的表現。

為大家、也為自己開創出無數的美味健康菜，就是我的使命。

料理好吃是天經地義的，如果能再加上健康元素，以藥食同源的理論，經由一道道含健康元素的美味健康菜，把健康一點一滴吃下去，將身體改造成不生病體質，這才是最重要的事情。

東西不好吃，哪還有做人的樂趣！因此研發「美味健康菜」就成為我一生最大的使命。所以，也要參加各種相關活動，和各地各方專家交流，共同推廣此一概念。

這個領悟讓我重新以不同角度來看待自己的工作。原來，我們廚師竟然這麼重要！這個想法讓我進入了一個新天地，原來任重道遠地找尋新的健康元素與食材，然後作出一道道美味健康菜，是一個這麼偉大的使命。那就讓我好好做下去，為大家也為自己開創出無數的美味健康菜，就是我的使命。

不重覆又創新

既然有這個機會能夠實踐美味健康菜的理想，自然要作出完全不一樣的料理才是。基於這個理念，不重覆又創新也就順理成章了，儘管這絕對會讓我燒腦燒到頭髮掉滿地，我卻義無反顧。

設計這一百道料理時會參考比較常見的名菜譜或是料理形式之外，比如說可以預防骨質疏鬆、增強肌肉的「牛菲力白魚豆乳玉子」就是從江浙菜系的「西湖牛肉羹」而來，或是以溫沙拉的形式做為創作靈感。其他都是原創料理。

重現電影《料理鼠王》中經典的「法式雜菜煲」就是一個在摸索中創新的過程，最後呈現的作品除了原有的精神之外，更讓我的料理靈魂往上提升了許多的檔次。

人人學人人作

最後，也是最重要的一點，而這點也是我特別希望達到的，也就是所謂的「人人可學，人人可作」，用最普遍的食材作出最美味和健康的好料理，進而因此獲得健康。

由於老年化社會的來臨，銀髮族和中老年人口比例日益增加，除了健保等醫療制度的重要性日益增加以外，個人要做到「防未病」的預防保健才是能夠延年益壽、健康吃百二的關鍵。因此飲食的調整和規劃自然是最重要的關鍵。

因此，我在花蓮體會到這些事情後，就一直朝著創作出最簡單、便利的美味健康菜為目標。簡單和便利指的是「食材的取得」最容易，超市、大賣場和傳統市場都能買得到，就是最好的食材。

當然，隨著時代的進步，一些以往少見的食材，如印加果油（星星果油）也進入了人們飲食的世界，也同時成為我創新料理的食材。因為希望能夠在服務消費者的同時，也有推廣教育的作用。唯有這裡找一些新食材，那邊也發覺一些新食材。這些新食材才能成為美味健康菜的新動力、新靈感和更健康的元素，這也才是接下來可以持續創新和促進養生的最根本條件。

能受到于美人姊、張鳳書姊、黃淑惠營養師（本書的共同作者）、中醫師鄒瑋倫、健康2.0主持人鄭凱云、江坤俊醫師等諸位先進的肯定，並在這條路上一直照顧我，實在是我莫大的榮幸！

PART 02

一定要知道的營養與疾病的常識

黃淑惠

CHAPTER 5

食物的營養功效到底有多強

不是藥，卻更有效

大家肯定有想過「人為什麼要吃東西？」這個最基本、最實際，也最重要的問題。

一般人會回答：因為不吃食物就會餓死啊！是的，因為人必須靠著食物來延續生命。那為什麼是選擇食物，而不是其他東西，像土、砂呢？因為分析人類身體組成，會發現人是由六大營養素組成的（水、碳水化合物、蛋白質、脂肪、維生素、礦物質）。而我們吃的食物也是由這六大營養素組成。所以想要延續生命，人類就必須從食物中汲取自身所需的營養素來修補身體消耗，甚至提供成長或哺育下一代。

綜觀天然界，每一樣食物都含有不同營養成分，但是就沒有一種食物可以同時供應六大營養素。科學家依著每種食物提供的營養素不同而區分出六大類食物（全穀雜糧 —— 碳水化合物、蛋白質；豆蛋魚肉類 —— 蛋白質和油脂；蔬菜類 —— 維生素、礦物質和纖維；水果類 —— 醣類和維生素；乳製品 —— 蛋白質、醣和油脂但沒有維生素 C；堅果油脂類 —— 脂肪和礦物質）。

因此人們只需了解自身的營養需求，從這六大類食物選對食物補足營養素，自然可以將這些營養素用在需要的地方來修補，調整，使人體達到最佳生理狀況，不單延續生命，更是達到精力充沛，神采飛揚的健康狀態。

這是食物奇妙之處，所以傳統中醫才講「藥食同源」，認為食物不單有補的作用（補充身體流失不足之處）更有藥的效果（治療疾病不適），藥補不如食補，選對食物吃對方法，自然可以把健康吃回來！

CHAPTER 6

烹調方式是影響健康效果的關鍵之一

保留最多營養素的烹飪法

尋求健康飲食，需先了解自身的健康狀態，是否針對某些營養素需要進行補充或限制，像是三高患者會建議少油，少鹽，少糖但高纖維，或是糖尿病患需控制總醣量。腎臟病患需限制蛋白質量、鈉、鉀、磷，癌症患者需多補充蛋白質、植化素等。在充分了解自身需求再去尋找相對應的食物，如此搭配出來的飲食才能立竿見影。

還有一個關鍵點 —— 食物要能真正吃進去，營養素能被利用才是有效。而如何讓食材全吃進去，色香味俱全絕對是誘發因子，因此適當的烹調方式與技巧就很重要了。

以前常常有人會說「健康的餐點絕對不會好吃，好吃的菜餚絕不健康」，其實這是錯誤的觀念。只要選擇適當的烹調方式，一樣可以做出美味又健康的菜餚。

有人認為生機飲食比較健康，殊不知有些食物若沒有適當烹調，營養素是無法被消化吸收的。例如穀類中的澱粉如果沒有熟化，腸胃道的澱粉分解酶無法對澱粉進行水解。豆、魚和肉類也是如此，適當的加熱使蛋白質變性，胃液的蛋白質分解酶才能進行分解。

但若過度烹調則會使營養素遭到破壞，例如油炸燒烤，長時間高溫會使蛋白質過度變性、質地變硬，造成消化吸收率降低，同時許多維生素、植化素在高溫下也被破壞殆盡。因此真正符合健康養生的烹調方式應是低溫快速的烹調方式，舉凡汆燙、清蒸、拌炒，舒肥等都是不錯的烹調方式。

以下就不同食物種類給予最佳烹調方式建議，期待能保留最多營養價值。

1. 全穀雜糧：

- 不要過度清洗，會把外層的維生素 B 群都洗掉。
- 雜糧不易熟，可以先用沸水浸泡約 1 小時後瀝乾水分再和白米同煮。
- 糙米、胚芽米或種實類可以先催芽（泡水 10 小時；換水 3 ～ 4 次），營養素價值更高。

2. 肉類

- 盡量挑選低脂肉類（里肌、前後腿肉），若選高脂肉類則建議烹調後做去油動作（冷卻後將凝結油脂刮除）。
- 可以採用舒肥作法，低溫水浴使肉品熟成且質地柔嫩，之後再和蔬菜配搭料理，縮短烹調時間營養素保留更多。
- 加鹽會使肉品蛋白質提早變性、質地變硬，因此建議烹調後、起鍋前才加鹽。
- 動物的皮含脂肪多，且多為飽和脂肪，建議去皮後再料理。
- 肉類加工品因含亞硝酸鹽，炸或烤都很容易使致癌物亞硝胺形成，建議先經水蒸煮過再稍微煎炒即可。

3. 魚海鮮類

- 對海產類而言，清蒸汆燙是可以保留營養素又能提供最佳鮮甜海味的烹調方式。
- 貝類食物通常含有很多礦物質，鈣、鋅等，適當添加酸味（檸檬、醋溜、薑醋）可有助礦物質的吸收。

4. 大豆

- 無論黃豆、黑豆在烹調前先泡水催芽都可使 GABA（γ-胺基丁酸，是胺基酸的一種，具穩定心神功效）增量，蛋白質更易消化，質地柔軟易入口。
- 大豆因含有胰蛋白酶抑制物，會使蛋白質無法被消化吸收，而造成脹氣腹瀉，因此大豆及其加工品一定要煮熟，此物質破壞才不會影響蛋白質的利用。

5. 蛋類

- 蛋類需冷藏保存，因極易細菌污染，不建議生食，特別生雞蛋中含有「抗生物素因子」會影響生物素的利用，所以蛋白不生食。
- 蛋類的蛋白質極易因高溫或加工而變得難消化，像煎過老的荷包蛋，滷許久的鐵蛋、加工的皮蛋等都會降低營養利用率，建議盡量低溫烹調，水煮、清蒸或是在料理後段才將蛋加入，這樣就可以保留較多營養。

6. 蔬菜類

- 水溶性維生素和礦物質會因切割面越多越易流失，因此切記蔬菜一定先洗後切
- 不是所有蔬菜都適合汆燙，因為汆燙很容易讓水溶性營養素流到湯汁中，建議水炒法或大火短時清蒸來烹調蔬菜，能保留較多營養素。
- 加鹽可以固定綠色蔬菜的鮮綠色，烹調蔬菜可以早點加鹽調味。

7. 水果類

- 水果最大特點是提供維生素 C，但維生素 C 怕熱，所以如果水果入菜，最好在所有加熱動作完成後才加入水果。
- 許多水果果皮含有豐富營養素（膳食纖維、各種植化素）入菜烹調宜保留果皮。

8. 奶類

- 牛奶蛋白質在遇熱後會變性凝結成塊、影響外觀口感，乳品要入菜最好是所有料理動作完成後關火才加。
- 優酪乳、優格因含有活性益生菌，所以不宜加熱烹調，只適合在沙拉、涼拌等料理上使用。

CHAPTER 7

飲食協同作用

複方食療，威力加成

考量營養素能否被妥善利用，營養素之間相互影響的關係也需考慮進去（有些幫助吸收，有些協同生理作用，也有些相互拮抗），選擇可以彼此互補的食物就可達到營養加分、威力加成的功效，避開不適合的搭配也能減少對身體的傷害。

不同症狀尋求不同營養素的協同作用。

症狀 1

血液循環（心臟、血壓、血糖、血脂）

01 | 減重、降血脂

膳食纖維 + 低脂蛋白質

膳食纖維會在腸道吸附油脂、減少吸收熱量減少，也會促進膽汁分泌，減少肝臟膽固醇的合成，加上低脂肉類熱量低、膽固醇也低，二者可以協同達到減重、降血脂、保護膽囊膽管目的。

02 | 降血壓、預防動脈硬化，保護心血管

膳食纖維 + 高鉀 + 高鈣 + 高鎂 + 低飽和脂肪 + 葉酸
− 過高油脂攝取（油炸、油酥、油煎）

膳食纖維調降血脂，預防動脈硬化。鉀離子拮抗鈉離子，使鈉排出體外，血管鬆弛，血壓自然下降。鈣離子加強心博、增加心輸出量，鎂離子調節鈣通向血管內膜量，使血管鬆弛降壓。再加上減少飽和脂肪攝取，減少內因性膽固醇合成，充足葉酸可以減少同半胱胺酸的量，有效預防動脈硬化，彼此協同達到降壓護心效果。

03 | 調整血糖

醣份比例調整 + 可溶性膳食纖維 + 鉻 + 鋅 + 鎂 + 維生素 C
+ 特殊植化素

想要調降血糖，飲食中醣類總量最好佔熱量 45-50% 即可，且需避免單醣，盡量以多醣全穀雜糧為主，因為全穀雜糧中澱粉轉換成單醣的速度比較慢。

如果此時有可溶性膳食纖維，得以阻撓單醣（葡萄糖、果糖）被吸收，飯後血糖上升速度就可有效控制下來。

微量元素鉻形成『葡萄糖耐受因子』（glucose tolerance factor，GTF）可提高胰島素的活性，使血糖調控更靈敏。鋅則是胰島素的組成分之一，幫助胰島素的合成。鎂可以促進細胞對胰島素的靈敏反應，加上維生素 C 和植化素（花青素、楊梅素、綠原酸、烯丙基丙基二硫醚等）的強抗氧化性，保護胰臟細胞就更能穩定血糖，延緩併發症發生。

排毒代謝（肝臟、腎臟、肺臟、皮膚）

01 | 維護肝臟解毒排毒功能

優質蛋白質 + 維生素 B 群（B3、B9、B12）+ 穀胱甘肽 + 硒 + 異硫氰酸鹽 + 葉綠素 + 維生素 C

肝臟是人體最大解毒器官，肝功能正常解毒排毒才能正常運作。而肝細胞再生需要以必須胺基酸為原料。所以維護肝臟，優質蛋白質不能少。

肝臟解毒第一階段需藉助 P450 酵素系統，將脂溶性毒素減輕毒性並分離出來。這一連串生化反應，有許多營養素參與其中，包括維生素 B3、B6、B9、B12。

第二階段解毒，將脂溶性轉為水溶性毒素以利排出，此需有穀胱甘肽、異硫氰酸鹽、葉綠素和硒等參與。最後這些代謝產物才產出經由膽汁排至糞便排出，或是經腎臟過濾至尿液排出。

有研究顯示，維生素 C 扮演保護角色，避免第一和第二階段中的解毒酵素受到氧化損傷。因此若想提升肝功能，這些營養素需同時存在才能發揮最大功效。

02 | 避免脂肪肝，維護肝膽功能

低油脂 + 膳食纖維 + 牛磺酸 + 甲硫胺酸 + 維生素 B 群（膽素）

不想讓脂肪堆積在肝臟，需減少脂肪攝取量，另外可藉助膳食纖維和牛磺酸來加速膽汁分泌，促使膽固醇分解，減少肝臟堆積，也減少膽囊結石機會。

蛋白質是肝臟細胞再生原料，供給足夠甲硫胺酸（methionine）能與維生素 B 群中的膽素（choline）形成趨脂質，把肝臟中

的脂肪轉為脂蛋白送離肝臟到血液中，以防肝臟浸潤出現脂肪肝，這些營養素協同就能保護肝臟。

03｜強化呼吸道，減少感染

維生素 A（β-胡蘿蔔素家族）+ 維生素 C+ 維生素 E+ 維生素 D+ 鋅 + 植化素（兒茶素、有機硫化物、槲皮素）

只要呼吸道（鼻、氣管、肺臟）上皮細胞強壯，空污、細菌病毒就不易入侵。維生素 A 可使上皮細胞常保濕潤，細菌不易沾黏；維生素 C 加強細胞間鍵結，使病毒無法入侵；適當維生素 E 可保護維生素 C 提高免疫力；維生素 D 有減緩肺發炎、肺纖維化功能；鋅可促使肺部細胞正常分裂並抑制病毒沾黏；有機硫化物幫忙清除空污，兒茶素抑制病菌的附著，槲皮素降低病原菌對肺部的傷害，綜合攝取對肺部強健有益。

症狀 3

消化系統（腸胃、消化症狀、食慾、便秘、腹瀉）

01｜胃食道逆流：容易脹氣、火燒心、感覺消化不良、食慾不振

低脂蛋白質（低脂肉類）+ 軟質膳食纖維 – 產氣食物 – 刺激性食物 – 過甜過油食物

選用低脂肉類可以增加食道下括約肌力道避免胃酸往上逆流。軟質膳食纖維可以促進胃蠕動，避免內壓上升，胃賁門不致被撐開。容易產氣、具刺激性或過甜過油膩食物都會使胃酸分泌過多，引起逆流更嚴重。所以飲食中這些食物需排除。

02 | 胃炎、胃潰瘍

少量多餐 + 低脂蛋白質 +ω-9 脂肪酸油脂 +ω-3 脂肪酸油脂 + 維生素 U+ 維生素 K+ 維生素 C+ 鐵 + 維生素 B12+ 益生菌 – 粗纖維 – 辛辣性食物 – 過甜膩食物

當胃黏膜已經受損，適當低脂蛋白質可以幫助修復。ω-9 脂肪酸可抑制胃酸分泌包覆傷口減輕疼痛。ω-3 脂肪酸有抗發炎功效可加速復原。維生素 U（s-methylmethionine）可以加速受損胃黏膜的修復。維生素 K 則對黏膜出血有止血功效。另外，因為胃黏膜受損可能會影響維生素 B12 和鐵的吸收，進而造成貧血，因此建議多補充維生素 C、含鐵和維生素 B12 的食物來預防貧血。還有補充益生菌重新改變菌相也可以減少幽門螺旋桿菌感染機會。

症狀 4

內分泌系統（荷爾蒙、肥胖、身高、生理期、痘痘、女性調理、衰老）

01 | 調整生理週期、備孕

膳食纖維 + 優質蛋白質 + 維生素 E+ 葉酸 + 鋅 + 碘 + 硒

足夠的優質蛋白質才能夠讓準備受孕的男女都有正常的精子與卵產出。飲食中足量膳食纖維可以幫助成熟女性生理週期中黃體激素和雌激素在體內的正常代謝，維持規律性才能提高受孕率。維生素 E 則可以維持生殖力，避免習慣性流產。葉酸和鋅參與 DAN 和 RNA 的複製，與生殖細胞、胚胎發育密切相關。碘和硒則關係到甲狀腺素的合成，進而影響到胚胎的發育。

02 ｜ 更年期不適，抗衰老

植物性雌激素 + 膳食纖維 + 維生素 A、C、E+ 植化素 + 硒 + 鋅 + 銅 + 鐵

更年期來到，女性雌激素會逐漸遞減而出現不適，善用植物性雌激素取代女性荷爾蒙可以延緩不適。飲食中如有足量膳食纖維，可以幫助雌激素正常代謝，也可以舒緩症狀。

飲食中添加足量的維生素 A、C、E，其強力抗氧化性保護細胞延緩老化，日常生活飲食中各樣顏色的蔬果和全穀提供不同的植化素，都具有清除自由基減少對細胞傷害，抗衰老的功能。

而清除自由基的酵素需要不同微量元素來擔任輔因子，因此富含微量元素鋅、硒、鐵、銅的食物對抗衰老就很重要，特別是維生素 E + 硒對抗老化效果有加成作用。

肌肉骨骼（筋骨、關節、肌肉）

01 ｜ 退化性關節炎

膠原蛋白 + 葡萄糖胺 + 維生素 C+ 植化素（槲皮素、β-隱黃素、薑黃素）+ω-3 脂肪酸 + 維生素 D

面對過度運動、老化帶來關節磨損發炎疼痛，飲食上建議補充膠原蛋白、軟骨素多的食物，補給原料進行修補，再適當補充葡萄糖胺可以增加關節囊液分泌，增加滋潤減輕疼痛。更重要是拉高維生素 C 的攝取，啟動膠原蛋白合成，還因強抗氧化力保護關節延緩老化。

許多植化素像生物類黃酮的槲皮素、β- 胡蘿蔔素的 β- 隱黃素、酚酸的綠原酸、薑黃素和 ω-3 脂肪酸等都具有抗發炎效果，飲食中配搭可以減輕關節炎症狀。適當日照搭配運動，或

提高維生素 D 攝取可以幫助鈣吸收強化骨質，進而減緩退化關節炎不適。

02 | 骨質流失、骨骼疏鬆

優質蛋白質 + 維生素 B6+ 鈣 + 鎂 + 鋅 + 維生素 C+
維生素 D− 高磷加工品 − 草酸植酸高蔬菜 − 過油食物

當噬骨細胞活性增加，成骨細胞減少時，骨質會逐漸流失，骨骼出現空洞，無法負重，逐漸變形，以致稍有外力即出現骨折，此影響健康甚鉅。預防骨鬆需從補骨質做起，優質蛋白質為骨基質來源，鈣、鎂是骨骼礦物化來源，這些都需充足攝取。適當維生素 B6 可幫助胺基酸在腸道的吸收，維生素 C 養成腸道有易吸收鈣的環境，維生素 D 直接幫助鈣的吸收與骨骼上的沉積。鋅可以幫助鈣、鎂在骨骼上的沉積，這些營養素彼此協同促進骨骼強度。

除此之外，需注意避免過多磷的攝取，因為過量磷會抑制鈣吸收。避免草酸與植酸豐富食物，因為草植酸會與鈣質形成不溶性鹽類降低了鈣的吸收。也避免過量油脂與高鈣食物並食，因為一樣也會形成不溶性鹽類。食物配搭上宜多注意。

03 | 肌少症

全穀雜糧 + 維生素 B 群 + 優質蛋白質（支鏈胺基酸）+
維生素 B6+ 鈣 + 維生素 D

年紀漸長加上缺乏運動，肌肉流失速度加快，這是造成老年失能臥床的原因之一，及早從飲食補充營養配搭適當運動可以有效延緩肌少症發生。想讓肌肉不流失，前提是飲食熱量必須先滿足，蛋白質能被保留做為肌肉修補才有用。每日適量全穀雜糧提供熱量來源，並配搭維生素 B 群（B1、B2、B3），使碳水化合物可以順利代謝、釋放出能量。

此時增加蛋白質特別是富含支鏈胺基酸（白胺酸、異白胺酸、纈胺酸）的食物才能啟動肌肉的修補與合成。因為支鏈胺基酸是肌肉最主要原料，如能加上維生素 B6 同時存在，將能提高吸收與合成，肌肉建造效果會更好。

人體實際上靠著骨骼和附著其上的肌肉一起來支撐。如果有肌肉卻沒有強壯的骨骼一樣無法撐起身體，因此預防肌少症需同時不忘補充鈣與維生素 D，只有骨骼和肌肉同時強健，才能有正常活動力。

症狀 6

免疫系統（發炎、過敏、感冒、免疫力、癌症）

01｜調整免疫力，提升防疫力

全穀雜糧 + 足量優質蛋白質 + 維生素 A+ 維生素 C+ 鋅 + 類黃酮素 + 多醣體 + 有機硫化物 + 維生素 D+ 益生菌 − 油膩食物 − 精緻糖

面對疫情，提高自身免疫力才能避免感染，即使不幸確診只要飲食得當，也能縮短病程避免重症。建議食用全穀雜糧取代部分精白米，因為全穀類可以提供維生素 B1、B2、B3 和泛酸，參與免疫系統中抗體、補體和白血球的製造。每天都要有足量蛋白質（最好 1-2 杯乳製品，4-5 份豆蛋魚肉）才能確保細胞更新、免疫力維持。

此外，選擇維生素 A 豐富的食物可以強化黏膜、隔絕病毒入侵，維生素 C 可以使細胞緊密鍵結，提高白血球吞噬力，增加抗體、補體的合成。適量鋅促進細胞修復，幫助各種免疫細胞形成，提高對病原反擊力。

多一些類黃酮素可以抗菌抗發炎，植物多醣體可以提高巨噬細胞活性，增加殺手細胞數目。有機硫化物也增加 T 細胞、巨噬細胞、自然殺手細胞活性，配搭維生素 D，可以調節 T 細胞進行正常免疫反應，將病毒排出體外。研究顯示飲用乳酸菌可以增加干擾素、抗體形成，對調整免疫力也是有益的。
會使免疫力低下的飲食則需避開。過油或過度精緻甜膩的食物會影響白血球的製造和活性，烹調上減少用油和精緻糖，才能維持正常免疫力。

02 | 抗發炎，提升防癌力

六大類食物均衡飲食 + 多樣多色食物 + 全食物 + 用好油

癌症已經連續四十年成為國人十大死因之首，探究罹癌原因，除掉 5% 是遺傳外，95% 是外在環境引起，其中肥胖（10-20%）和飲食不當（30-35%）佔很大比例。因此預防癌症抵抗癌病變應從飲食著手。

均衡攝取六大類食物，滿足身體所需各樣營養素，讓身體功能正常運作，自然減少癌症發生。飲食上需靠全穀類提供熱量支持，蛋白質保留作為組織修補，免疫提升。另外就是彩虹飲食，食物中各種顏色來源的化學物質（統稱植化素）都具有清除自由基、誘使癌細胞走向良性分化、抑制癌血管增生、抑制癌細胞訊息傳遞等功能。每天攝取足量蔬果（蔬果 579 的份量），就可以幫助消滅腫瘤。但這些植化素大都存在外皮、種皮或種子內，因此全食物的概念，盡量連皮帶籽吃，可以食用部分都不丟棄。

抗癌營養素中部分是脂溶性，必須溶於油脂中才能被吸收，因此不是不用油而是需用好油。ω-9 脂肪酸多的油脂有利膽汁分泌，促進營養素消化吸收，ω-3 脂肪酸則可以抗發炎，提升防癌力。因此防癌路上用好油很重要。

症狀 7

大腦健康（失眠、疲勞、壓力、注意力）

01 | 壓力大常失眠

抗壓：維生素 B 群 + 維生素 C+ 鋅 + 酪胺酸 +ω-3 脂肪酸

入睡：色胺酸 + 鎂 + 維生素 B6+ 維生素 B3+ 維生素 B12+GABA+ 植化素

現代人工作忙碌、生活節奏快速，在高壓環境下常產生緊張焦慮情緒，夜間則是翻來覆去無法放鬆熟睡。藉助適當營養補充提高人體的抗壓力，讓情緒能安穩、專注於工作或學習。

應付壓力會加速維生素 B 群的消耗，如沒有提高攝取量，漸漸就會出現疲勞、無法集中注意力現象。增加維生素 B 群能緩解壓力。

維生素 C 是啟動抗壓荷爾蒙（腎上腺皮質素）形成的鑰匙，壓力越大代表維生素 C 需求越高，必須每天攝取。

酪胺酸幫助腦部合成多巴胺，多巴胺是可以讓人更積極、能專助，提升記憶力，有工作效率的神經傳遞物。建議白天可以選擇富含酪胺酸食物提升工作表現。

ω-3 脂肪酸，研究顯示特別是 EPA 和 DHA 可以幫助腦部血液循環，抑制發炎，舒緩焦慮憂鬱情緒。適量鋅則是能清除自由基，維持年輕腦袋，消除疲勞，更有精神。

提到入眠，血清素是能讓人感覺愉悅的腦部荷爾蒙，由色胺酸在維生素 B6 和鎂協助下來合成，白天可讓人放鬆感到快樂，夜間進一步轉為褪黑激素幫助快速入眠。飲食中多攝取GABA（γ-胺基丁酸）可以降低交感神經緊張，恢復副交感神經作用，安穩情緒恢復睡眠。適量維生素B3可以延長快速動眼期，拉長熟睡期減少夜間醒來次數。還有維生素B12可助神經傳導，減少煩躁不安更易入睡。至於植化素中花青素則被認為有幫助清除腦部自由基，維持腦袋年輕化的功能。論到睡不好不妨考慮這些營養素綜合性的調整。

02 | 預防失智、保持聰明腦袋

麥得飲食（心智飲食）＝地中海飲食＋得舒飲食
由此兩種飲食優勢衍伸而來，用於預防腦力衰退或失智

維生素B群＋ω-3脂肪酸＋單元不飽和脂肪酸＋植化素（花青素、檸檬黃素、白藜蘆醇、阿魏酸）－飽和脂肪－高溫烹調

想要腦袋靈光，必須有充足維生素B群（B1、B3、B6、葉酸、泛酸、B12）來維持腦神經正常傳導。有ω-3脂肪酸（EPA、DHA）強化腦部微細血液循環，讓腦細胞獲得足夠營養得以延緩老化。多點單元不飽和脂肪酸可以減低低密度脂蛋白，抑制血栓形成，避免腦栓塞、腦出血發生。

再加上飲食中多些植化素（類黃酮素：花青素、檸檬黃素、白藜蘆醇；酚酸類：綠原酸、阿魏酸）幫助抓住自由基加以清除，減少對腦細胞的傷害進而保護腦神經細胞，延緩失智。

當然飲食上會傷害腦細胞的烹調必須避開，像大量飽和脂肪會在血管壁堆積，影響循環造成阻塞。或是高溫烹調（油炸、油酥、燒烤等）很容易產生大量自由基攻擊腦部，促發老化。

症狀 8

感官（眼、耳、鼻、口）

01｜視力清晰避免乾眼症：

維生素 A+β- 胡蘿蔔素 + 優質蛋白質 + 鋅

視網膜上桿狀細胞負責視覺形成。維生素 A 會與視紫蛋白形成視紫質，此反應需要鋅來協助。當光線刺激時，視紫質結構產生變化引發視覺神經衝動就會產生視覺。

β-胡蘿蔔素會在體內轉化為維生素 A，維生素 A 會分泌粘醣蛋白保持細胞濕潤，使淚腺分泌正常，避免乾眼症。因此維生素 A、β-胡蘿蔔素和優質蛋白質等都是維持視力重要因子。

02｜改善飛蚊症、黃斑部病變（減少 3C 傷害）預防白內障

葉黃素 + 玉米黃素 +DHA+ 蝦紅素 + 花青素 + 維生素 A（β- 胡蘿蔔素）+ 鋅

體內葉黃素和玉米黃素集中於視網膜黃斑部位區，可以過濾藍光，有效抓住光線對眼睛產生的自由基，避免視力受到傷害。ω-3 脂肪酸中只有 DHA 才能透過視腦屏障進入眼底，維持良好血液暢通、達到抗發炎功效。

還有蝦紅素可以輔助葉黃素，提高脈絡膜血循，增強眼睫狀肌收縮，保護視力。花青素則是因抗氧化性強，可保持眼底微細血管彈性，與 DHA 協同達到促進視網膜血循的功效。

03｜耳鳴、暈眩（促進耳循環、神經傳遞）

維生素 B3（菸鹼酸）十 B12+ 礦物質（鈣、鎂、鈉、鉀）

一般出現耳鳴的原因可能是壓力，電解質失衡，急性發炎等，建議日常飲食攝取各種礦物質維持電解質平衡。另外補充菸鹼

酸（B3）使內耳小血管放鬆、加強內耳血液循環，可改善耳鳴暈眩。缺乏維生素 B12 可能影響耳部神經傳導而引發耳鳴，偏頭痛，無妨從飲食中多補充。

04 | 保護鼻黏膜、避免習慣性出血

維生素 A+C+E+B6+ 類黃酮素

皮膚粘膜是人體第一道保護線，鼻腔黏膜強壯，就能抵抗經由空氣入侵的病原。維生素 A 維持鼻粘膜濕潤，病毒不沾粘。維生素 C 強化粘膜細胞鍵結，病毒無法入侵。維生素 E 保護細胞不被自由基攻擊。維生素 B6 加強鼻粘膜修復，加上植化素中類黃酮素，其強力抗氧化性可讓鼻腔內血管內膜保持柔軟不易脆裂，因而減少流鼻血次數，對鼻腔提供一種保護。

05 | 口腔保健、預防牙周病

鈣 + 維生素 D+ 氟 + 維生素 A+ 維生素 C
+ 膳食纖維 + 多酚

牙齒就和骨骼一樣，有足夠鈣質沉積才有堅固牙齒。而牙齒的礦物質化還需維生素 D 協同。另外飲食中缺氟會使牙齒琺瑯質受損，容易蛀牙空洞，因此從小就需注這些礦物質的攝取。維生素 A 可使口腔黏膜滋潤強壯，維生素 C 使細胞緊密鍵結，牙齦強壯，牙齒才站得穩。膳食纖維就像掃帚一樣可以在口腔咀嚼時將食物殘渣帶走，減少殘留給蛀菌斑滋生機會。有研究發現植化素中多酚能在牙齒表面形成薄膜保護牙齒減少牙周病發生機會。這些營養素彼此協同就可強化口腔機能。

CHAPTER 8

破除對症食療的一些迷思

破除五大迷思，吃得更健康

迷思 1

書中所提食療每天或每週該如何食用？

對症食療，故名思義就是針對症狀尋找相對應食物進行補充或限制來達到改善目的。人體是非常奧秘的，我們選擇什麼樣的食物，身體就馬上反映出來。只要找對食物，吃對方法，身體狀態是能逐漸改善的。但不是三天打魚五天曬網似的偶而選擇對的飲食，這是無法得到效果的，最好是徹底改變不對的飲食型態，重新建立正確的飲食。

但這對大部分的人而言有一定的困難，建議不妨先從一餐調整做起，每天有一餐盡量參考本書的食療方和食譜來進行。待習慣這樣的烹調方式後，再順勢推至二餐、三餐，這樣比較容易執行。當然如果週間上班族無法自行烹調者，也可以利用週末兩天進行調整，再逐漸推到週間。即使是外食族，善用本書的食療方解說，盡量依照原則來選擇外食也是可以的。

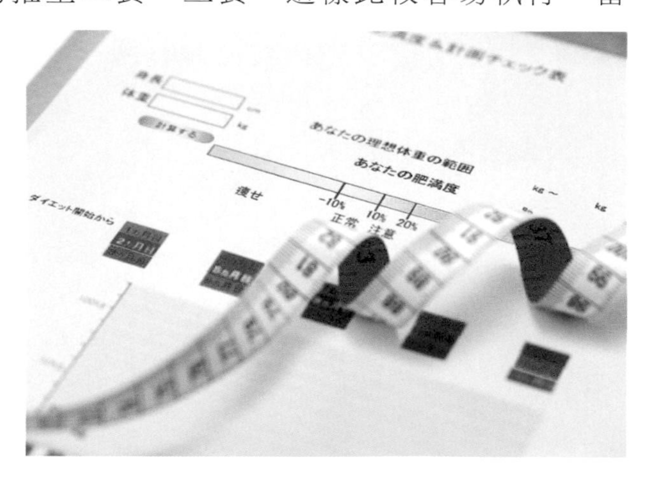

迷思 2

本書食療和平日的生活方式應該如何搭配，以便效果最好？

使用本書食療方，需先瞭解自身身體狀況，如有明確資訊對症選食才能得到真正效果。當然日常生活方式也需調整，飲食定時定量很重要，特別是對血糖、血脂控制不良的人，或是消化道功能不彰者都必須調整飲食習慣。

不暴飲暴食或刻意空餐，每日三正餐，每餐間隔 4 ～ 6 小時確保食物能得到充分消化分解，腸胃負擔才輕省。睡前 3 小時不再進食避免食物堆積。日常生活維持正常社交活動，養成固定運動習慣，有充分睡眠（6 ～ 8 小時）和每天適量日曬都是調整全身身心靈平衡的作法，彼此互搭才能得到最佳效果。

迷思 3

我不愛運動，光吃這些食療方就能真的改善疾病嗎？

維持健康，絕對不是單一項飲食或運動就能達到。但是往往很多疾病的確是因為吃錯食物所引發，所以如果可以先從飲食著手改變，也許就能馬上看到變化。臨床上最常看到糖尿病患只要飲食中白米改為全穀並做份量調控，戒掉含糖飲料和甜食，血糖幾乎都可調降。高血脂患者如能減少飽和脂肪量，避開油炸油煎油酥食物，添加足量蔬菜水果，血脂也都可以下來。減重患者也是，只要熱量控制得宜，體重一樣可以減少。只是如果可以配搭適量運動，效果一定會更好。

因為適量的運動可以提升人體的新陳代謝速率，加速所有營養素的機能運作，達到有效的修補建造與調整。另一方面，運動也會影響人體的賀爾蒙分泌，包括瘦素、胰島素、血清素、雌激素、甲狀腺素等，這都關係到血糖、血脂、體重、情緒、生殖等生理機能表現，所以如果能在正確的食療之下再配搭適當的運動，就能更快速的重拾健康。

迷思 4

蔬菜生食能吸收更多營養素嗎？

攝取蔬菜的目的在希望能得到各種維生素、礦物質和膳食纖維。

有些學者認為加熱烹調會破壞了蔬菜的營養素，因此建議生食蔬菜確保營養素不流失。但是從營養學角度看，生食蔬菜體積膨鬆的看似好像吃很多，實際去磅秤會發現其實攝取的量很少。加上生食還有冒著食安的危險性，蔬菜的農藥、蟲卵和病原菌是否能確保清洗乾淨？因此建議蔬菜還是熟食為佳，一來不用擔心食安問題，二來加熱蔬菜能使體積縮小，才能吃進比較多的蔬菜量，相對營養素才能滿足身體所需。

如果擔心營養素過度流失，建議縮短加熱時間，採用水炒、清蒸是比較能保留營養的烹調方式。蔬菜先洗後切且盡量不細切，因為水溶性營養素和礦物質會從切割面處流失。烹調記得加油，許多脂溶性維生素和植化素都需有油脂才能被吸收，所以蔬菜的烹調都必須有油脂（烹調油或堅果）同時存在才可以喔！

迷思 5

食療如何提升與平衡人體免疫力？

人體的免疫功能是與生俱來的。無論是白血球、巨噬細胞或自然殺手細胞的先天免疫，還是 T 淋巴細胞、B 淋巴細胞產生免疫球蛋白的後天免疫，其效能顯現與營養狀態都是息息相關的，營養狀態佳自然免疫力好，反之營養缺乏時免疫力就容易失衡。

首先，所有的血球和抗體（免疫球蛋白）都是蛋白質組成的，因此想要有好的免疫力，優質蛋白質不能少，豆魚蛋肉類必須足量攝取，如果是素食者可從大豆、全穀和菇類、藻類等多方配搭來得到足夠蛋白質。

另外，維生素 B1、B2、菸鹼酸和泛酸都會影響白血球、巨噬細胞的活性，日常生活中富含 B 群的食物不妨多攝取。而維生素 C 除了可以強化細胞鍵結外，也是抗壓賀爾蒙（腎上腺皮質素）的原料，因此在承受壓力、非常疲憊時更需要補充足量維生素 C。有研究指出足量維生素 C 可以增加白血球吞噬能力、促使抗體合成。因此想要提升免疫力自然少不了它。

還有微量元素鋅，其參與細胞修復，幫助各種免疫細胞的形成，因此補充鋅也能調節免疫力。維生素 D 被認為有類似荷爾蒙功能，可以同時調節先天和後天免疫力，因此日曬與食物並進確保維生素 D 不缺乏很重要。

天然蔬果中的 β-胡蘿蔔素，可以強化黏膜，拒絕病原入侵。生物類黃酮素可以抗菌抗發炎，多醣體可以提高巨噬細胞活性增加殺手細胞數量，這些都可以協同免疫反應使身體達到最佳保護。而以上這些可以幫助免疫的營養素，其食物來源可以參考對症食療中有關免疫部分。

值得一提的很多過敏或自體免疫反應是因免疫過強所致，與一般免疫力弱常生病不同，但是二者都可以藉助益生菌，經由改變腸道菌相透過腦腸軸影響內分泌、神經傳導，促使免疫走向平衡狀態，因此適當食用益生菌也是被推薦的。

PART
03

雷神主廚的對症食譜

各式高湯做法

本書各食譜提到的各種高湯都有共通的基本做法，這裡會告訴大家相關原則，大家可以先照著作好並分裝冷凍，需要用的時候再拿出來解凍就可以了。

蔬菜高湯是各種高湯的基底，所以先把蔬菜高湯做出來，再加入烏龍茶、綠茶、柴魚、小魚乾、味噌、豚骨……等等其他原料繼續熬煮至入味，就是應用型的高湯了。

而蔬菜高湯一般會以2000公克的紅白蘿蔔、洋蔥、高麗菜等根莖類和甘藍類蔬菜為基底，加上1000cc的水，熬煮成700cc的高湯。

01
三韭鮮魚芙蓉羹

減重、降血脂

這道料理最大的賣點就是同時使用「白頭韭菜、韭黃、韭菜花」三種韭菜，光是從白、綠、黃三種顏色來看，這道食譜的外觀就非常精采，更是對三高和減重非常有效果的好食材。此外，這道料理自從研發出來到現在，已經變成既健康又美味的「家常宴客菜」代表性料理之一！

食材

白頭韭菜……50 公克
韭黃……50 公克
韭菜花……50 公克
雞蛋豆腐……200 公克
南瓜……20 公克
新鮮魚丁（可使用比目魚或白身魚）……200 公克
洋蔥……30 公克
蒜頭……兩瓣
枸杞……適量
鮮魚高湯……適量
鹽巴……少許
胡椒……少許
苦茶油……適量
芝麻油……少許
蓮藕粉……適量

作法

01 雞蛋豆腐、南瓜、洋蔥、白頭韭菜、韭黃、韭菜花切丁；蒜頭切末備用。

02 首先準備一個砂鍋將魚丁、南瓜丁、雞蛋豆腐丁放入，用些許的鮮魚高湯煨煮入味。

03 另外起一個鍋子，放入苦茶油後，加入洋蔥、蒜頭、韭菜、韭黃、韭菜花，翻炒後倒入煨煮過魚丁、豆腐丁、南瓜丁的鮮魚高湯裡，並用鹽、胡椒粉調味，再用蓮藕粉水勾芡後起鍋。

04 整鍋食材倒入砂鍋內，再微微煨煮，撒上枸杞、淋上芝麻油，即可食用。

淑惠營養師的關鍵食材營養教室

01｜韭菜、韭黃和韭菜花都是富含維生素 A 的蔬菜，具有強力保護黏膜的功效，還有豐富生物類黃酮可以維持血管內膜柔軟、避免動脈硬化。獨特香氣來自含硫化物，可以促進血液循環、保護心血管，高鉀和高纖維更可以幫助血壓恆定，避免高血脂。

02｜比目魚為海魚，內含的豐富油脂為不飽和脂肪酸，有益調降壞膽固醇。

03｜雞蛋豆腐來源較多是雞蛋，能提供卵磷脂和膽鹼，是細胞膜和神經髓鞘成分，能幫助膽固醇代謝，維持血脂恆定。

02 海陸燕麥燉飯

降膽固醇

淑惠營養師的關鍵食材營養教室

01 | 燕麥：能降膽固醇，如果每日食用 50 克燕麥，6 到 8 週後膽固醇會降 16%，也有降血壓的功效。

02 | 印加果油：其中 Omega 3 與 Omega 6 配比完美，對優化神經、肌肉、心血管、降血脂，有很大幫助。

03 | 蘋果：高鉀低鈉，有降血壓的功效，其果膠可以抑制腸胃道脂肪堆積。

經過諸多研究都顯示，燕麥確實具有降膽固醇的功用，而且口感別有一番滋味。另外，西式燉飯往往使用「長米」，米心很多都沒煮熟，吃了容易傷胃，相對來說，燕麥儘管也偏硬，但市售燕麥片是經過熟化處理。燕麥不只能讓小孩和老人家訓練和維持咀嚼外，還能和其他食材及調味料融合成非常棒的風味。

食材

燕麥……100 公克
糙米……100 公克
南瓜……30 公克
鮭魚……80 公克
雞肉（可使用雞里肌或雞胸肉）……80 公克
紅甜椒……30 公克
蘋果泥……20 公克
洋蔥……20 公克
蒜頭……3 瓣
味噌蔬菜高湯……適量
印加果油……適量
香菜……適量
義大利綜合香料……少許
黑胡椒粒……少許

作法

01 南瓜、鮭魚、雞肉切丁，洋蔥、紅甜椒切塊備用。

02 將燕麥（約 1 杯）及糙米（約 1 杯）混和，加 2 杯水煮熟後備用。

03 鍋內放印加果油後，加入洋蔥、蒜頭爆香，先放油脂豐厚的鮭魚丁，再放雞丁、南瓜丁，炒香後加入味噌蔬菜高湯煨煮。

04 放入蘋果泥、紅甜椒塊，再撒上黑胡椒，最後放入預先煮好的燕麥糙米飯，輕輕攪拌，煨煮至收汁。

05 起鍋後盛盤，撒上義大利綜合香料、放上香菜後即可食用。

03 紅糟肉酒釀米苔目

預防腦血管病變

這道料理有幾個特別的地方。一是打破酒釀以甜味取勝的常態，二是同時放入紅糟和酒釀這兩種發酵食品，味道相互融合，形成全新滋味後，才混和米苔目，與一般米苔目料理方式完全不同。這樣的創新，也獲得了非常多朋友的迴響，建議大家可以在家多嘗試這一道菜色。

食材

梅花豬肉排	250 公克	柴魚高湯	適量
紅麴	2 大匙	柴魚片	適量
地瓜粉	適量	韭菜	1 把
沙拉油	適量	酒釀	1 大匙
蒜頭	3 瓣	鹽巴	少許
小魚乾	10 公克	醬油	少許
蝦米	少許	香油	少許
米苔目	200 公克	胡椒	適量
芋頭	100 公克	烏醋	少許

作法

01 首先使用紅麴醃漬梅花豬肉排後，沾上地瓜粉，放入沙拉油中煎至金黃酥脆，起鍋後切塊備用。

02 蒜頭切末、芋頭切塊備用。

03 準備一個砂鍋，放入芝麻油後加入蒜頭及小魚乾、蝦米，炒香後加入柴魚高湯及芋頭熬煮，以鹽、醬油、胡椒調味。

04 米苔目入鍋後煮熟，再放入韭菜，並將紅糟肉排放在上方、擱 1 匙酒釀、淋烏醋和香油，撒上柴魚片，即可食用。

01

03

04

淑惠營養師的關鍵食材營養教室

01 | 紅糟（紅麴）：紅麴菌與米在發酵過程中會釋放許多酵素，讓醃製的肉或魚質地變得更柔嫩、易消化。其中所含的 Monacolin K（紅麴菌素 K）有調降血脂的功效，更可以抑制膽固醇合成、減少低密度膽固醇在血管上堆積、維持血液循環的功效（但此功效與攝取濃度相關）。

02 | 酒釀也是米的發酵品，含有少量酒精。糯米澱粉顆粒在發酵過程分解為雙醣或單醣類，釋放出的甜味不僅能增進料理風味，更可以暖胃益血、幫助血液循環，維持關節靈活。

04
香根玉蔥鹽麴雞

預防心血管疾病、腎臟病、高血壓

淑惠營養師的關鍵食材營養教室

鹽麴：一種以鹽、米麴和水發酵的調味料。因為發酵產生乳酸菌和消化酵素，在料理過程中促進肉類蛋白質的分解，使食材變得更柔嫩、更好吃、易消化，減輕胃部的負擔。同時含有維生素 B 群和 GABA（γ-胺基丁酸），能幫助能量供給、快速消除疲勞，並能穩定神經傳導，能放鬆情緒、有紓壓之功。

鹽麴是一種非常特別的發酵調味品，不只能讓雞腿、洋蔥、紅蘿蔔等食材更美味，還擁有許多的酵素，可以對人體健康發揮諸多正向的影響。因此，在創作這道料理的時候，刻意排除了使用鳳梨、木瓜等水果酵素，就是希望能藉由本道食譜的研發，找出更多不一樣健康又鮮美的滋味，也讓往後的研發能累積更多基礎資料。

食材

雞腿肉……2隻
鹽麴醬……2大匙
洋蔥……60公克
香菜……1把
紅蘿蔔……少許
苦茶油……適量

作法

01 洋蔥切丁、紅蘿蔔切絲備用。雞腿肉放入鹽麴醬，抓醃浸漬約20分鐘。

02 將雞腿肉放入鍋內以苦茶油煸香，煎熟後起鍋盛盤。

03 將洋蔥、香菜及紅蘿蔔絲放置雞腿肉上方，淋上加熱後的苦茶油即可食用。

05
蟹黃翡翠瑤柱羹

護心、保護血管

這裡的蟹黃其實是用紅蘿蔔偽裝的，至於翡翠則是由菠菜製作而成（也可以選擇以小松菜替代）。瑤柱，也就是干貝，營養價值高，和蟹黃及翡翠一起構成本道料理的鐵三角。

食材

食材	份量	食材	份量
干貝	200 公克	枸杞	20 公克
乾香菇	3 朵	蔬菜高湯	適量
蝦米	10 公克	白芝麻油	1 小匙
山藥	50 公克	鹽巴	少許
紅蘿蔔	30 公克	胡椒	少許
毛豆仁	30 公克	昆布醬油	適量
海帶芽	適量	蓮藕粉	適量
菠菜	1 把	橄欖油	適量

作法

01 菠菜切碎，干貝切丁，香菇泡發後切丁，紅蘿蔔、山藥磨泥後備用。

02 將香菇、蝦米放入鍋內用橄欖油炒香，再放入蔬菜高湯滾煮，接著依序加入干貝及枸杞。

03 放入菠菜、海帶芽、毛豆仁、山藥泥，以鹽、胡椒、醬油調味後，用蓮藕粉勾芡，起鍋後淋白芝麻油，擺上當作蟹黃的紅蘿蔔泥，即可上桌。

淑惠營養師的關鍵食材營養教室

01 | 菠菜：豐富的維生素 A 能維持血管內膜彈性，還有葉酸可降低血液中同半胱胺酸量，避免心血管疾病發生。

02 | 毛豆：為「植物肉」代表，含有優質蛋白質能幫助組織修復、豐富膳食纖維促進膽固醇代謝，更具有好的油脂（卵磷脂，是腦部細胞膜組成物），是保護心血管的好食材。

03 | 山藥：山藥的黏稠感來自可溶性纖維，可以吸附體內毒素、促進腸道蠕動，減少油脂吸收。更含有「楊梅素」，能抗老化、維持血管彈性。高鉀量更可降壓，對預防三高有益。

06
茄汁黃金鱸魚

保護心臟

淑惠營養師的關鍵食材營養教室

01 | 深海鱸魚：高量支鏈胺基酸幫助肌肉建造、組織修補，豐富菸鹼酸參與新陳代謝、能量調節，可以促進血液循環、改善暈眩、調降血壓。

02 | 番茄：含有大量「茄紅素」，能抗氧化、阻止膽固醇合成、抑制壞膽固醇在血管壁上沉積、避免血管硬化。還有維生素 B6 和葉酸可下降同半胱胺酸含量，減少心血管受到傷害。高量鉀則幫助鈉排出，可穩定血壓。

03 | 黑木耳：水溶性膳食纖維能幫助膽固醇代謝，也可幫助血糖恆定。研究發現每天攝取 5 到 10 公克的黑木耳可以有效預防血栓形成。

一般說來，紅色食材對心血管和心臟本來就有益，所以這道料理除了鱸魚，更選用番茄當作主要的健康來源。建議不要用市售的番茄糊當作基底醬，而要直接在烹煮過程中做出來。不過，由於新鮮番茄煮出來的番茄醬味道往往不夠濃郁，所以要選用「低鈉番茄醬」來入味和調色，這樣就可以完美煮出這道美味且健康的料理了。

食材

鱸魚柳	300 公克	辣椒	1 條
蛋黃	2 顆	低鈉番茄醬	1 匙
麵粉	少許	辣醬油	少許
番茄	2 顆	椒鹽	少許
木耳	50 公克	橄欖油	適量
青椒	30 公克	葵瓜子	少許
蒜頭	3 瓣	蔥花	適量

作法

01 番茄切丁、青椒切塊、木耳切絲備用。

02 先將鱸魚柳與蛋黃、麵粉充分攪拌均勻，撒上些許胡椒鹽調味。

03 鍋子倒入橄欖油後將鱸魚煎至金黃酥脆，加入蒜頭，再倒進番茄煮至出水，接著加入辣椒末、木耳絲、低鈉番茄醬、辣醬油一同拌炒，最後拌入青椒即可熄火。

04 起鍋前撒入蔥花、葵花子。

07 鮭魚米茄子煲

護好心料理

這道料理延續「紅色護心臟」的顏色養生理念，用鮭魚、紅甜椒、番茄、蘋果等屬於紅色的食材。此外，還選用了屬於深紫色、俗稱日本茄子的米茄子，不只有非常多的花青素以外，也能夠和其他食材融合入味，一起做成煲湯形式，絕對好吃、下飯。

食材

- 鮭魚……150 公克
- 米茄子……1 條
- 海帶芽……10 公克
- 毛豆仁……30 公克
- 紅甜椒……20 公克
- 番茄……50 公克
- 核桃……適量
- 香菇……2 朵
- 香菜根……適量
- 洋蔥……30 公克
- 蘋果……30 公克
- 芝麻油……少許
- 醬油……少許
- 辣豆瓣醬……少許
- 胡椒粉……適量
- 綠茶高湯……適量
- 橄欖油……適量

作法

01 鮭魚、米茄子、番茄、洋蔥、蘋果、紅甜椒切丁備用。

02 將米茄子丁放入鍋內，用橄欖油與鮭魚、洋蔥一同炒至香味四溢。

03 將香菇、毛豆仁、海帶芽、紅甜椒、番茄、蘋果依序下鍋一同翻炒，再加入綠茶高湯，並用醬油、辣豆瓣醬、胡椒粉調味，悶煮至濃稠收汁並淋上芝麻油。

04 起鍋後撒上香菜根及核桃即可食用。

淑惠營養師的關鍵食材營養教室

01 | 鮭魚：高量油脂（15 %）的魚種，提供多元不飽和脂肪酸，特別是 ω-3 脂肪酸（2853mg/100g），只要每天吃 50 公克鮭魚就可以得到 1000mg 的 ω-3 脂肪酸，能夠滿足一天所需。ω-3 脂肪酸可以降低總膽固醇和三酸甘油酯、預防動脈硬化、促進腦部血循環、維持記憶力和學習力，還可以抗發炎、調節免疫力。
魚肉紅色的來源為蝦紅素，具有超級抗氧化力，可預防心血管疾病、減緩關節炎、維持視力、避免藍光傷害。

02 | 米茄子：又稱圓茄或日本茄子，口感 Q 彈，適合燒煮入味。含豐富生物類黃酮，以花青素含量最高，也是其紫色的來源。含有的生物類黃酮（維生素 P）能抗氧化、抗發炎、減少動脈硬化、調節微血管通透性，避免血管破裂出血，被認為對心血管有保護作用。

08 紅鰺魚佐櫻桃醬汁

護心降血脂

淑惠營養師的關鍵食材營養教室

01 | 紅鰺：即是黃金鯧，優質蛋白質能幫助組織建造，高量維生素 B3（菸鹼酸）能促進小血管擴張、調降血壓以保護心血管。

02 | 櫻桃：含有豐富生物類黃酮（花青素、槲皮素、山奈酚）、酚酸類（綠原酸、沒食子酸），能預防壞的膽固醇被氧化沉澱在血管壁上，還有高鉀可穩定血壓，因此被認為對心臟防護有益處。

03 | 紅心芭樂：比起白肉芭樂有更高的維生素 C 和膳食纖維，粉紅色來源代表著 β- 紅蘿蔔素。維生素 A 的存在，具強抗氧化性，能保護血管內膜、對促進血液循環有幫助。

這是一道標準的「三紅料理」──紅麴、紅心芭樂、櫻桃，加上紅鰺魚的話，就是四紅料理，對心血管的保護更強。紅鰺又稱黃金鯧，煎成金黃色後用紅心芭樂鋪底，再淋上櫻桃醬汁和香菜，金、紅、綠三個顏色非常鮮豔。

食材

紅鰺（或赤鯮紅鮒等紅色的魚）300 公克
紅麴……2 大匙
蘋果泥……15 公克
鹽巴……少許
薄鹽醬油……少許
紅心芭樂……2 顆
櫻桃……6 顆
櫻桃果醬……適量
木薯粉……適量
香菜……適量
苦茶油……適量

作法

01 將魚肉放入鹽、醬油及紅麴，醃漬後沾上木薯粉，接著放入鍋內用苦茶油煎炸至金黃上色後起鍋。

02 紅心芭樂切片墊底作盤飾，放上煎好的魚肉，淋上櫻桃醬，再擺上櫻桃及香菜即可上桌。

09
茶香豬心襯枸杞葉

保護好心肝

儘管這道菜看起是熱盤，但其實是一道溫沙拉。起鍋前用枸杞葉或油菜葉鋪底，同時以香油、烏龍茶高湯和苦茶油提味。另外，豬心不僅口感Q脆，還具有「以形補形」的效果。

食材

豬心……250公克
木耳……20公克
乾香菇……4朵
薑片……4片
海鹽……少許
米酒……適量
薄鹽醬油……適量
香油……少許
枸杞葉（可以用150公克油菜葉取代）適量
枸杞……適量
烏龍茶高湯……適量
苦茶油……適量

作法

01 木耳切絲、乾香菇用水泡發後切絲備用。

02 將豬心汆燙，清洗後冰鎮切粗絲。枸杞葉放些許鹽巴及香油汆燙後備用。

03 鍋內倒入苦茶油，爆香薑片、香菇絲、木耳絲，倒入烏龍茶高湯，再將豬心絲放入鍋內快炒，用鹽、醬油、米酒調味後，加入枸杞，起鍋淋上香油。

04 準備一個深盤先將枸杞葉放入盤內，再將豬心炒料放入盤中，盤飾後即可食用。

03

04

淑惠營養師的關鍵食材營養教室

01 | 豬心：營養成分提供優質蛋白質、維生素 B2、菸鹼酸，可以幫助能量供給、消除疲勞。中醫看豬心，性平味甘鹹，以心養心有補益血液、養心安神的功效。

02 | 烏龍茶：雖為發酵茶，依然提供兒茶素，能抗氧化，降低血液中三酸甘油酯和總膽固醇量，另有咖啡鹼會使大腦興奮、心跳加強、血流加快，有提神、消除疲勞功效。

03 | 枸杞葉：枸杞果實的嫩葉，可以食用也可以入藥，因其有特殊類黃酮和二帖配醣體，被發現具有抗發炎和保護肝臟功能。

10
千張棗仁苦瓜

夏日消暑、護心

淑惠營養師的關鍵食材營養教室

01 | 紅棗：中醫觀點認為紅棗甘性溫、有健脾養胃、補血精壯之效，更含豐富膳食纖維可以幫助腸胃蠕動，但是過多易引起脹氣。

02 | 苦瓜：味苦性寒，可消暑、除熱、清心明目，高量水分和鉀有利水降壓之效。另已知含苦瓜苷能有助胰島素分泌、幫助血糖調控，還有皂素和苦瓜素，有降血脂、預防血管硬化的作用。

這是一道標準的夏日消暑開胃菜，非常容易入口，不只能當家常菜，也可以當小菜。這道菜製作的關鍵在於苦瓜的選擇。由於山苦瓜苦味太重且寒性較強，所以建議選擇白玉苦瓜為好。同時，挑選苦瓜時最重要的是注意苦瓜外的顆粒是否生長平均。如此，營養素均勻，且口感脆度比較夠，否則食用起來不夠理想了，這點要特別注意。

食材

食材	份量	食材	份量
千張	100 公克	老薑	2 片
白玉苦瓜	1 條	雞高湯	適量
毛豆仁	50 公克	鹽巴	少許
小魚乾	10 公克	胡椒	少許
豬後腿肉絲	50 公克	香油	少許
紅棗	12 顆	醬油	1 小匙
蒜頭	2 瓣	橄欖油	適量

作法

01 千張切成細絲後泡水至完全軟化、瀝乾水份備用；白苦瓜切成如紙張一樣的薄片；紅棗洗乾淨後，浸泡在溫熱的雞高湯裡，也可用滴雞精替代。

02 鍋內放入橄欖油，炒香蒜末和薑片，再下小魚乾、肉絲、泡過水的千張、毛豆仁及紅棗，用鹽、醬油調味，加入適量雞高湯快速拌炒。

03 趁鍋內有些許的湯汁時放入薄片的苦瓜，迅速翻動即可起鍋，可讓苦瓜保有脆感不至於過度軟化。

11
和風秋菇豚肉鋁箔燒

清血管、預防中風

這道料理是健康版的鋁箔燒，以梅花豬肉片為主料，搭配能提味的絲瓜、金針菇、洋蔥、乾香菇，以及其他配料，進而調和出日式「淡而有味」的滋味。雖然不濃郁，但經由燒烤後卻能達到入口後滿嘴清新又唇齒留香的境界，是標準小而美的日式養生小食。

食材

食材	份量	食材	份量
梅花豬肉片	200 公克	金針菇	40 公克
洋蔥	半顆	絲瓜	40 公克
蒜頭	少許	柴魚高湯	適量
小魚乾	少許	香菜	少許
乾香菇	4 朵	紅甜椒	少許

作法

01 乾香菇泡水後切絲、洋蔥切絲、紅甜椒切絲、絲瓜切薄片備用。

02 首先準備一張鋁箔紙對折後留一個小凹底；依序放入洋蔥、金針菇、蒜頭、香菇絲、小魚乾、絲瓜、豬梅花肉片，撒上紅椒絲後再淋上柴魚高湯。

03 將鋁箔紙再對折，確定四周圍確實密閉包緊後放上烤網，並放置瓦斯爐檯上小火烘烤約 10 ～ 12 分鐘。

04 烤好後開啟鋁箔紙放入香菜即可食用。

淑惠營養師的關鍵食材營養教室

01 | 洋蔥：有「超級蔬菜」之稱，含特殊辛味的硫化合物，可以抑制血小板凝集，使血流順暢。有研究發現每天半顆洋蔥可提升好膽固醇、保護心臟。但是洋蔥營養素會隨烹調時間拉長而流失，因此生食或快速烹煮較佳。

02 | 香菇：質地柔軟卻富含膳食纖維，能幫助清腸排毒。香氣的來源是核酸物質，可抑制肝臟膽固醇的合成、防止動脈硬化、降壓。香菇多醣可抑制腫瘤增生、增強免疫力，是少數能提供維生素 D 的食物（麥角固醇經日曬轉為維生素 D2）。

12
黃金黑豆蒸飯

預防糖尿病

淑惠營養師的關鍵食材營養教室

01 | 黑米：台灣原生種黑米有高量花青素（類黃酮素一種），強力抗氧化力能幫助清除自由基對腦部的傷害，常保腦部靈活運作。比起白米有更多膳食纖維可延緩醣類吸收，穩定血糖。

02 | 黑豆：優質蛋白質來源，比起其他豆類有更多鈣、鐵、因此有補血化瘀、補腎明目之效。

03 | 南瓜：雖為醣類來源，但因同時含有大量果膠，會使食糜成黏稠狀、拉長在胃部停留時間，可減緩糖份的吸收速率，有助飯後血糖的恆定。還提供微量元素鉻和鎳，增加體內胰島素的合成，幫助糖尿病患者控制血糖。

這道料理使用了黑米、黑木耳、黑豆、黑芝麻、香菇、黑胡椒等各式能夠補腎、顧肝和降血糖的黑色食材，在加入南瓜、玉米粒、杏鮑菇等健康食材，以最能保留原味和營養素的蒸飯形式構成這道顏色醒目、耀眼的美味健康菜。

食材

黑米……50 公克
黑豆……100 公克
南瓜……300 公克
玉米粒……30 公克
乾香菇……30 公克
黑木耳……30 公克
杏鮑菇……50 公克
黑芝麻粒……少許
香菜……少許
香菇素蠔油……適量
蔬菜高湯……適量
咖哩粉……少許
黑胡椒……少許
黑芝麻油……適量
薑末……少許

作法

01 杏鮑菇、黑木耳切丁，南瓜切丁、乾香菇泡發後切丁備用。

02 將黑米與黑豆蒸熟後放上南瓜丁，並放入竹製小蒸籠（或深盤）內蒸至熟成軟化。

03 鍋內放入黑芝麻油，將薑末、乾香菇、黑木耳丁、杏鮑菇丁、玉米粒等炒出香味後，倒入蔬菜高湯，並以咖哩粉、素蠔油調味。

04 起鍋後將拌炒好的配料鋪滿在黑米飯上方，撒上黑芝麻、擺上香菜裝飾即可食用。

02

03

04

13
黃豆燒雞丁

逆轉糖尿病

黃色食材對逆轉糖尿病有很大幫助，另外，食譜中最特別的是加入了「塔菇菜」。這是上海料理中常見的蔬菜，又名「塌棵菜」。吃起來口感清脆，很像青江菜，只是略苦。炒、涼拌和做湯都適宜，營養素非常豐富。

食材

黃豆	150 公克
雞蛋	1 顆
青花菜	100 公克
豆乾丁	50 公克
雞丁	200 公克
蒜頭	2 瓣
黃甜椒	30 公克
紅甜椒	30 公克
塔菇菜	100 公克
昆布醬油	適量
豆漿	適量
胡椒	少許
大豆沙拉油	少許

作法

01 紅甜椒與黃甜椒切丁、黃豆用水煮至熟透軟化、雞蛋先翻炒熟成取出備用。

02 鍋子內放入大豆沙拉油，將蒜頭、雞肉炒香後加入豆乾及黃豆翻炒，再加入豆漿、青花菜、塔菇菜，並用醬油、胡椒粉調味。

03 起鍋前加入拌炒熟成的雞蛋及紅、黃甜椒後，即可起鍋食用。

02

03

淑惠營養師的關鍵食材營養教室

01 | 黃豆：澱粉少、蛋白質高、質地又好，因此被視為「植物性肉」，如果吃原型黃豆，因種皮纖維高，會相對拉長食物消化時間，有助延緩血糖上升。

02 | 雞肉：相較一般動物性肉類，雞肉含脂量相對低，又有豐富維生素 B2、B3、B6，對糖尿病患來說是恢復精力、助陽補虛的好食材。

03 | 青花菜：被世界衛生組織公認是十大抗癌食物，因其特有的含硫化合物可以提高身體解毒酵素活性，進而有抗癌功效。另有微量元素鉻，能提升胰島素的靈敏度，有助血糖調控。

14
鮭魚燕麥花椰米

預防糖尿病

淑惠營養師的關鍵食材營養教室

01 | 燕麥：被推崇為養生的穀類，除了澱粉，更提供高達 8.5g/100g 的膳食纖維，是白米的 14 倍，糙米的 2 倍。同時具有可溶與不可溶性纖維；不可溶纖維阻擋了單醣在腸道的吸收，可溶性纖維吸水膨脹後增加飽足感，可減少總量的攝取，因此很適合取代白米成為澱粉來源，可輔助調控血糖和體重。

02 | 白花菜：減醣飲食中常用絞碎白花菜（形狀類似米粒）來取代部分米飯，不僅可以減少總澱粉量，也可以因為膳食纖維增加而達到熱量減少、血糖緩升、調降血脂的目的。

03 | 鮭魚：美國糖尿病學會建議糖尿病患可以多選富含 ω-3 脂肪酸的魚類，因海魚原本就不含糖份，ω-3 脂肪酸可以調降血脂抗發炎，有助於血糖控制減少合併症的發生。鮭魚就是海魚的代表之一。

台灣真正開始流行吃花椰菜米，應該就是從「健康 2.0」節目推出這一道料理開始的。這道料理的食材當中最重要的就是花椰菜，因為白花菜米加燕麥能替代米飯，成為這一道低 GI 美味料理的主要靈魂。另外鮭魚，以及另外的調味料，不僅對瘦身有幫助，更有明顯的降血糖功效。

食材

食材	份量	食材	份量
鮭魚	150 公克	紅蘿蔔	20 公克
白花菜米	100 公克	蒜頭	少許
燕麥	50 公克	薄鹽醬油	適量
芥藍	50 公克	芝麻油	少許
核桃	20 公克	肉桂粉	少許
南瓜	20 公克		
洋蔥	20 公克		

作法

01 芥藍、南瓜、洋蔥、紅蘿蔔切丁，核桃切碎備用。

02 首先將鮭魚放入鍋內，逼出鮭魚自身的魚油做為煎炒的油，再放入蒜頭、洋蔥，煎炒至香味四溢。

03 放入燕麥、白花菜米及芥藍、南瓜、紅蘿蔔等蔬菜，拌炒均勻後，加入薄鹽醬油調味，並淋上芝麻油。

04 起鍋後撒上核桃、肉桂粉即可食用。

15 鮑魚苦瓜花菜圃

強化肝臟、解毒

一般人總以為山珍海味會危害健康，其實，任何食物只要適當都是藥。本道料理就採用鮑魚保肝、降膽固醇的作用來入菜。但是，鮑魚的養殖環境一定要乾淨、無汙染，否則很容易有重金屬汙染。因此，建議還是要向自己信任的品牌或供貨來源購買才最穩妥。

食材

鮑魚……200 公克
苦瓜……150 公克
冬瓜……50 公克
青花菜……150 公克
香菇……3 朵
薑末……少許
黑木耳……20 公克
紅甜椒……20 公克
紅蘿蔔……30 公克
魚高湯……適量
蠔油……適量
芝麻油……適量
蓮藕粉……適量
沙拉油……少許

作法

01 首先將苦瓜、冬瓜切成方塊狀；香菇、木耳切丁；紅甜椒切絲；紅蘿蔔切末後備用。

02 鍋內放入些許的油，再放入香菇丁，炒香後下木耳、苦瓜、冬瓜拌炒，接著加入鮑魚、魚高湯，並用蠔油調味。

03 用蓮藕粉勾芡後，淋上芝麻油起鍋，以汆燙過的青花菜圍邊當盤飾，最後擺上紅甜椒絲、紅蘿蔔末，淋上芡汁，即可上菜。

02

03

淑惠營養師的關鍵食材營養教室

01 | 鮑魚：低脂（0.9%）高蛋白（40%）的海洋珍品，提供完整 8 種必需胺基酸，有助於肝臟機能運作與修復。還有牛磺酸可以促進膽汁酸分泌、減少膽固醇濃度，並提升肝細胞再生、維護正常肝功能。

02 | 苦瓜：高鉀可以利水降壓，豐富維生素 C（瓜類中最高）具有強抗氧化力能抗癌，參與解毒、保護肝細胞。還有葉酸參與造血，維持生長發育。苦瓜素則促進糖代謝，有降血糖作用。

03 | 冬瓜：中醫認為冬瓜性涼味甘，對急性肝炎、脂肪肝、肝硬化可起利水、清熱、消腫的作用。

04 | 青花菜：大量類黃酮量參與肝臟解毒工作，具有保肝防癌的功效。

16
田園蜆汁滑蛋

養肝料理

淑惠營養師的關鍵食材營養教室：關鍵食材、營養功效

01｜黃金蜆：古籍有記載蜆可治療黃疸，因為它提供了腺嘌呤、牛磺酸、甲硫胺酸和胱胺酸等，可以促進膽汁分泌順暢排出，因此可以消除黃疸。而且豐富的維生素 B 群（B2、B3 和 B12）可調節生理機能，讓精力更充沛。

02｜雞蛋：營養價值高於肉類，有較佳的消化吸收率。提供必需胺基酸，特別是甲硫胺酸可以加速受傷肝臟細胞修復，促使膽固醇代謝，避免脂肪堆積。還有完整的維生素 B 群，參與肝臟解毒酵素系統，可幫助排毒。

將蜆與蛋構成滑蛋蜆汁是鮮上加鮮的一個組合，總之，就是美味。另外，青花筍既像花椰菜又像蘆筍，口感跟蘆筍也很相似。這一味加進來讓滑蛋和黃金蜆有更不一樣的口感，整道料理還多了清香味，非常特殊。

食材

黃金蜆……1 斤
雞蛋……4 顆
南瓜……50 公克
番茄……1 顆
香菇……2 朵
青花筍（或青花菜）……30 公克
苦茶油……適量
鹽巴……少許
薑黃……少許
白胡椒……少許
義大利綜合香料……少許

作法

01 首先將黃金蜆熬煮成汁；南瓜、番茄、香菇、青花筍切成丁後備用。

02 苦茶油放入鍋內，待鍋子微熱後加入南瓜、番茄、香菇、青花筍、新鮮薑黃（或薑黃粉）炒香，再加入蜆汁拌炒均勻。

03 將蛋汁拌入鹽、胡椒粉調味後緩緩加入鍋內，拌炒至熟軟狀態即起鍋；撒上義大利綜合香料後即可食用。

17
香蒜鮮魚玉子豆腐煲

消除脂肪肝

蛤蜊和蜆功效類似，但是更大顆、更有海鮮味。此道食譜加入咖哩粉、鮭魚、雞蛋豆腐和青花筍，最後再加入綠茶高湯。讓綠茶香味和兒茶素一起入菜，化身為最銷魂的健康料理。

食材

蒜頭……30 公克
雞蛋豆腐……150 公克
鮭魚……150 公克
青花筍……50 公克
紅甜椒……30 公克
核桃……20 公克
橄欖油……適量
蛤蜊……150 公克
綠茶高湯……適量
香菇素蠔油……適量
咖哩粉……少許
鹽巴……少許
枸杞……少許

作法

01 鮭魚切丁；紅甜椒、豆腐切塊備用。

02 將蒜頭放入鍋內加入橄欖油煸香，接著將雞蛋豆腐放入鍋內煎至上色，再加入鮭魚丁、紅甜椒、青花筍拌炒，接著加入綠茶高湯及咖哩粉和鹽、素蠔油調味，最後放入蛤蜊。

03 將煮好的整鍋食材倒入加熱的砂鍋裡，撒上枸杞、核桃即可上桌。

淑惠營養師的關鍵食材營養教室

01 | 大蒜：所含二烯丙基硫化物可增加肝臟解毒酵素活性，大蒜素可抑制膽固醇合成、減少脂肪堆積、活化肝功能。

02 | 蛤蜊：帶殼貝類都有較高牛磺酸，可促進膽汁流動排出，進而帶動膽固醇分解、減少肝臟負擔。所含鐵質又高（8.2mg/100g，達每日建議量 91%）可以改善缺鐵性貧血。

03 | 青花筍：是芥蘭菜和花椰菜交配的十字花科品種，高量異硫氰酸鹽和吲哚都可以促活肝臟解毒酵素，達到護肝功效。特別是含有高量 β- 胡蘿蔔素，能強化黏膜，也有助提升免疫力。

18 蘆筍蒜子雞丁

護肝、提升免疫力、抗癌

淑惠營養師的關鍵食材營養教室

01 | 蘆筍：有蔬菜之王之稱，豐富葉酸關係到細胞的複製。有醫學研究發現蘆筍有特殊成分，可以抑制癌細胞 DNA 活性，還有穀胱甘肽和甘露聚醣可以提高人體免疫力、抑制腫瘤生長。

02 | 酪梨油：其脂肪酸組成飽和脂肪酸：單元不飽和脂肪酸：多元不飽和脂肪酸的比例為 1.18：1.85：1，與美國心臟協會建議的比例 0.8：1.5：1 相近，適合作為烹調用油，可以減少總膽固醇和低密度脂蛋白量。使用上因為耐高溫，煎炒拌都適宜。

這道料理除了使用可退火的蘆筍外，另外加入蒜子與雞丁，並加入含有奶香味的酪梨油，讓風味擦撞出非常不同的火花。在清香的蘆筍中能夠吃到炒香的蒜子與雞丁，還有蛤蜊高湯的鮮味。

食材

雞丁……200 公克
蘆筍……150 公克
蒜頭……8 瓣
蛋黃……1 顆
香菇……30 公克
紅蘿蔔……30 公克
鹽……少許
香菇素蠔油……少許
酪梨油……適量
蛤蜊高湯……適量
地瓜粉……適量

作法

01 紅蘿蔔、香菇切丁備用。
02 首先將雞丁用蛋黃抓醃後沾上地瓜粉，放入鍋內微微煎過後取出備用。
03 放入蒜頭及香菇煸香，再放入紅蘿蔔與蘆筍快速翻炒，最後放入雞丁並調味。
04 起鍋前淋入些許的蛤蜊高湯，微微收汁即可盛盤食用。

02

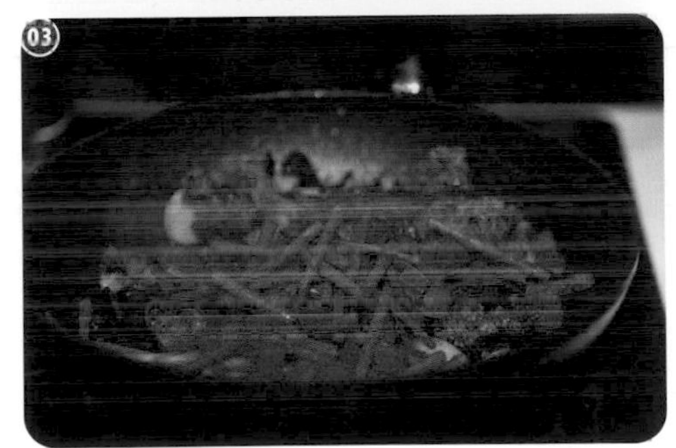
03

19
蛤蜊豬肚白參煲湯

護肝、消除疲勞

蛤蜊與豬肚的美味眾所周知，這道料理除了特別精選這兩者為主料之外，還特別加入白參、紅棗、枸杞和老薑等藥性較強的食材，以煲湯的形式讓各食材的美味與營養素調和、釋出。

食材

食材	份量	食材	份量
白參	2 條	枸杞	少許
蛤蜊	150 公克	蒜頭	6 瓣
豬肚	1 個	老薑片	6 片
紅棗	8 顆	鹽巴	適量
西洋芹菜	50 公克	苦茶油	適量
紅蘿蔔	50 公克	米酒	少許
黑木耳	30 公克		

作法

01 首先將白參與紅棗放入砂鍋內，燉煮出參味香氣備用；豬肚先洗淨燉煮至柔軟，切片備用。

02 準備一個鍋子，內放苦茶油並加入薑片、蒜頭，炒香後依序加入黑木耳、紅蘿蔔、西洋芹及豬肚。

03 將炒好的豬肚與蔬菜放入砂鍋與白參湯中一同煲煮至熟爛。最後放入蛤蜊、淋酒、加鹽調味，撒入枸杞即可起鍋上桌。

淑惠營養師的關鍵食材營養教室

01 | 白參：又稱糖參，人參沒有經特殊炮製、單純浸泡糖水後曬乾而成。因含人參皂甙，可以調節中樞神經、提高大腦活動、增加心肌收縮、提高心輸出量，因此有補氣、消除疲勞、改善虛弱之功。

02 | 豬肚：比起瘦豬肉脂肪 30%，豬肚相對低很多（7.5%），負擔較少且一樣含優質蛋白，維生素 B 群齊全，在元氣消耗、急需修補體力時，不失為一好選擇。只是豬肚質地堅硬，若沒煮爛口感不佳，需視情況拉長煲煮時間。另內含膽固醇不低，每次攝取量不宜多。

20 田園梅汁煎魚排

預防膽管炎

淑惠營養師的關鍵食材營養教室

01 | 鱸魚：為優質胺基酸組成，有高量支鏈型胺基酸（BCAA），可促進組織修補。維生素 B1、B2 和菸鹼酸含量高，能幫助能量釋放、體力恢復，更有精神。精胺酸可促使一氧化氮形成，有消除疲勞、抗老衰的功效。

02 | 青蘋果：中醫看青蘋果，綠皮味酸可入肝疏通理氣，達到預防膽結石功效。營養學看它，有較高綠原酸可以促進膽汁流動，避免結石發生。大量槲皮素能清除自由基，大大提升抗發炎、抗老化能力。

03 | 西洋芹：味甘苦性涼，可歸肺、胃、肝經。有平肝清熱、清腸利便、利尿降壓效果。營養學上高鉀幫助利水降壓，粗纖維促進腸道蠕動，特殊的芹菜素可中斷腫瘤細胞的複製、抑制癌細胞生長，也能抑制血小板凝集，保持血流通暢、活血化瘀。

這道料理把各種抗發炎的食材集合一起。鱸魚排煎至金黃酥脆後，再加入酸酸甜甜的食材及烏梅醬汁，除了繽紛的色彩誘人之外，還有特殊的香氣和鹹、脆、酸、甜等各種口感在嘴裡同時襲來，絕對讓人一口接一口。

食材

鱸魚排……300 公克
青蘋果……30 公克
西洋芹……15 公克
苦瓜……15 公克
藍莓……10 公克
南瓜……50 公克
小番茄……10 公克
核桃……5 公克
葡萄乾……少許
鹽巴……少許
胡椒……少許
義大利綜合香料……適量
苦茶油……適量
芝麻油……少許
烏梅醬……適量
香菜……少許

作法

01 南瓜切丁後水煮備用。

02 首先將鱸魚排用鹽巴、胡椒輕醃漬後，放入鍋內煎至金黃酥脆，起鍋盛盤備用。

03 將青蘋果、西洋芹、苦瓜、小番茄切成細丁狀後與芝麻油拌勻，放在鱸魚排上方，形成五彩繽紛的模樣。

04 最後淋上烏梅醬汁、撒上藍莓、核桃、葡萄乾、香菜、義大利綜合香料後即可食用。

21
鯖魚菌菇燕麥飯

降膽固醇、預防膽結石

鯖魚、菌菇類和燕麥與五穀米不僅僅是降膽固醇、預防膽結石的好食材，味道和口感上也都各有特色。鯖魚魚油肥厚、菌菇類清爽、燕麥與五穀米甘甜，組合後再搭配其他配料就成為這一道既有主菜又有主食的綜合性美食，經常吃健康功效自然顯現。

食材

食材	份量	食材	份量
鯖魚	150 公克	蔥花	少許
香菇	20 公克	雞蛋	1 顆
黑木耳	20 公克	海帶芽	10 公克
杏鮑菇	20 公克	魚高湯	適量
南瓜	30 公克	昆布醬油	適量
燕麥	50 公克	味醂	少許
枸杞	適量	苦茶油	適量
五穀米	80 公克		

作法

01 首先將燕麥及五穀米用魚高湯、海帶芽煮熟後備用。

02 木耳、香菇、杏鮑菇、南瓜切絲備用。

03 將鯖魚放入鍋內後用苦茶油煎香，接著放入木耳、香菇、杏鮑菇、南瓜一起拌炒，以醬油、味醂調味，再淋上蛋液炒熟，最後撒上枸杞。

04 將米飯盛入容器後再放入炒好的鯖魚菌菇料，並撒上蔥花後即可食用。

淑惠營養師的關鍵食材營養教室

01 | 鯖魚：優質的蛋白來源，能提供高量支鏈型胺基酸修補組織。低膽固醇（31mg/100g）與高 ω-3 脂肪酸可以降血脂、抗發炎。

02 | 燕麥：膳食纖維高達 8.5g/100g，是白米的 14 倍，糙米的 2 倍，能助膽汁酸排出，並啟動膽固醇代謝。

03 | 杏鮑菇：與其他蕈菇一樣，其可溶性纖維能幫助膽汁流通、減少結石發生。高鉀可以調控血壓。維生素 B2、菸鹼酸參與能量代謝，幫助體重控制與精力恢復。

22
麻油秋菇羊肉煲

秋冬養腎

淑惠營養師的關鍵食材營養教室：關鍵食材、營養功效

01 | 黑色蕈菇：香菇、黑木耳、鴻喜菇等屬黑色的食材都有相同特色，即其礦物質含量比白色蕈菇高。礦物質除了是骨骼基質材料外，還負責調控許多生理機能，包括血壓、凝血、肌肉收縮、神經傳導和情緒安穩等，所以黑色入腎（指骨骼、神經系統），調補元氣其來有自。

02 | 羊肉：帶皮羊肉脂肪高，建議選擇脂肪含量較低的山羊肉片，飽和脂肪低，但一樣可以達到暖身補氣效果。

03 | 核桃：同時含有色胺酸、維生素 B 和鎂，合作發揮協同作用，能改善失眠、好入睡。

羊肉和黑色食材是養腎的最佳組合，尤其秋冬以羊肉煲形式來上一碗，絕對是食補中最享受的樂事之一。本道料理的黑色食材包括香菇、黑木耳、麻油、黑芝麻和黑豆酒等，滿滿的黑色構成本道料理的主視覺，一口羊肉一口湯，心滿意足中腎就幫你養好了。

食材

羊肉片.....300 公克	薑片..............6 片
鮮香菇............8 朵	羽衣甘藍（或芥藍）.........150 公克
乾香菇............2 朵	麻油..........一大匙
黑木耳.......30 公克	醬油.............適量
紅棗...............8 顆	黑芝麻粒......少許
核桃..........15 公克	黑豆酒（黑豆泡米酒）.............適量
枸杞..............適量	
洋蔥絲......20 公克	
蒜頭...............3 瓣	

作法

01 木耳、洋蔥、香菇切絲，乾香菇用水泡發後切絲。羽衣甘藍用水汆燙後盛盤。

02 鍋內放入麻油，待微熱時加入薑片、蒜頭及洋蔥炒香。

03 鮮香菇絲、發泡後的乾香菇絲、黑木耳絲、紅棗放入，炒至香味四溢後再加入羊肉片、黑豆酒，用醬油調味後，拌炒均勻。

04 起鍋後放入燙好的羽衣甘藍盤中，並撒上黑芝麻及核桃、枸杞，即可上桌。

23
水炒雞肉蔬菜砂鍋煲

顧肺

這道料理有兩個特別設計：一是無油煙，二是借油、借水。因為要顧肺，所以烹調方式也要顧到煮菜的人，特別以無油煙的水炒、水悶方式，讓菜悶熟；再者，這個方式不再另外加油加水，直接就能將食材中的油和水逼出來，徹底釋放食材中的營養素和味道，達成味美、康健和環保這三大目標。

食材

去皮雞腿肉丁……100 公克
青花菜……50 公克
白花菜……50 公克
黃甜椒……20 公克
紅甜椒……20 公克
番茄……1 顆
黑木耳……10 公克
鮮香菇……4 朵
洋蔥……10 公克
蒜頭……4 瓣
鹽巴……少許
魚高湯……少許
印加果油……適量
義大利綜合香料……少許

作法

01 紅黃甜椒切絲、香菇切塊後備用。

02 將洋蔥、蒜頭、雞肉放入砂鍋內，開微火放入魚高湯拌炒至雞肉熟成。

03 依序放入青花菜、白花菜、紅黃甜椒、番茄、黑木耳、香菇後，蓋上鍋蓋，待蒸氣上升後用水蒸方式將蔬菜悶熟，並加入鹽調味拌勻。

04 起鍋前在鍋內的食材中滴入印加果油、撒上義大利綜合香料即可食用。

03

04

淑惠營養師的關鍵食材營養教室

01 | 紅黃甜椒（彩椒）：維生素 A 和 β- 胡蘿蔔素可強化黏膜，改善皮膚粗糙，維持視力，強化肺功能

02 | 花椰菜（青與白）：青花菜含高量蘿蔔硫素可有效清除致癌物，預防肺癌、胃癌、大腸癌。花椰菜算是含維生素 C 高的蔬菜，能使細胞緊密鍵結、減少病菌入侵機會，有強化呼吸系統功效。

24
美味彩虹四色豆

遠離肺癌

淑惠營養師的關鍵食材營養教室

01 | 小番茄、胡蘿蔔、南瓜都屬紅橙色食物，代表有豐富茄紅素或 β- 胡蘿蔔素，鮭魚則有維生素 A，這些都能強化黏膜細胞、增強抵抗力。

02 | 紫洋蔥：含硫化合物有攫取空污中 PM2.5 的功能，能減少對肺部呼吸系統的傷害，也能活化自然殺手細胞、巨噬細胞和 T 細胞，調節免疫平衡。

四色豆是大家最不喜歡吃的菜色之一，但這道菜在健康 2.0 的收視率卻非常高，原因就在於低溫拌炒的烹調方式。一來油煙少了，顧及到烹煮者的健康和環保的要求；二來慢慢拌炒大約 5 分鐘左右就可以上桌，時間沒有想像中那麼久，卻能把各種食材的味道綜合在一起，實在方便。

食材

小番茄	6 顆	蒜頭	6 瓣
紅蘿蔔	30 公克	紫洋蔥	30 公克
南瓜	30 公克	雞蛋	1 顆
鮭魚	200 公克	鹽巴	少許
玉米粒	30 公克	蔬菜高湯	少許
青花菜	30 公克	胡椒	少許
黑木耳	30 公克	薄鹽醬油	少許
毛豆仁	30 公克	白芝麻油	少許

作法

01 小番茄、紅蘿蔔、南瓜、青花菜、木耳、紫洋蔥、鮭魚切丁備用。

02 將蒜頭、洋蔥放入鍋內炒香，再加入雞蛋炒至半生熟即可。

03 依序放入鮭魚及各色蔬菜丁拌炒，再加入調味料、高湯，炒至蔬菜軟化入味。

04 起鍋後盛盤，撒上些許胡椒增添風味即可食用。

03

03

04

25
飛虎魚蟹黃百合羹

養肺、抗新冠

百合、蓮子、銀耳、麥冬、沙參和蓮藕，清一色是養肺食材，往往都是以甜湯形式呈現，但是這道料理，我們用創意顛覆慣行的做法，加入營養非常豐富、味道更是特別的飛虎魚，也就是鬼頭刀，還有蟹黃（紅蘿蔔泥）做成了一道鮮甜味豐的羹湯，完美呈現出海鮮如何與養肺食材結合，擴大養肺、抗新冠的美味料理的新界線。

食材

飛虎魚	300 公克	蛋白	2 顆
百合	40 公克	紅蘿蔔	10 公克
蓮子	30 公克	蓮藕粉	適量
銀耳	20 公克	蔬菜高湯	適量
麥冬	10 公克	鹽巴	少許
沙參	10 公克	苦茶油	適量
蘋果	30 公克	蔥花	少許

作法

01 飛虎魚（鬼頭刀）、蘋果切丁；紅蘿蔔磨泥後備用。

02 蔬菜高湯與麥冬、沙參一同熬煮。

03 飛虎魚丁先用苦茶油炒香，再入銀耳、百合等食材一同拌炒，接著倒入蔬菜高湯煨煮，用鹽調味，再用蓮藕粉水勾芡，煮至濃稠狀。

04 起鍋前淋入蛋白，讓羹湯形成雪花狀，撒上蔥花，並擱上紅蘿蔔泥替代蟹黃，即可上桌。

淑惠營養師的關鍵食材營養教室

01 | 百合：是食材也是藥材，除了含澱粉能供給熱量外，有維生素 B1、B2、C 和秋水仙鹼等生物鹼，有滋補潤肺、清心安神功效。

02 | 蓮子：含有澱粉，其醣份能幫助色胺酸進入腦部，更含有維生素 B6 協助血清素合成、B1 維持正常神經傳導、鎂離子鬆弛神經，因此蓮子有舒壓、緩和情緒、幫助入睡等益處。

03 | 麥門冬、沙蔘：都是補陰藥，能用於養肺陰。當乾咳、聲音沙啞、口渴咽乾（上呼吸道發炎症狀）時，可生津、潤肺、舒緩症狀。

26
元氣拌炒皇宮菜

預防落髮、顧胃

淑惠營養師的關鍵食材營養教室

01 | 皇宮菜：顧胃好食材，因其可溶性纖維高、有黏質性，所以不會對胃腸太過刺激，可以吸附水分使糞便柔軟，也會吸附、代謝毒素，加以排毒。是含鈣和鐵高的蔬菜，能幫助髮質新生，有烏髮功效。

02 | 蚵：充分的肝醣能幫助消除疲勞，為含鋅量最高的食物，能促進細胞正常分裂，包括毛囊細胞修復、提升味覺食慾和調節免疫力。鐵質是紅肉的2倍，維生素B12是牛肉的10倍，能充分幫助造血，有好循環、好氣色。

03 | 鴨血：低蛋白卻含高鐵、高 B12。中醫觀點吃腦補腦，吃鴨血即是補造血。能提供紅血球原料，讓血液循環順暢，供給氧氣和營養，達到補養氣血、皮膚強壯、減少落髮。

很多人不喜歡皇宮菜，認為苦味很重口感又黏黏的，不過我個人吃慣了這種苦中帶甘的味道（人生的味道！），同時它的黏液質能顧胃，再和鴨血、鮮蚵、蝦仁等其他配料，以及苦茶油和白芝麻油一起料理之後，就變成一道還能預防落髮、顧好髮根的好食料理。我非常喜歡，也推薦給大家。

食材

食材	份量	食材	份量
皇宮菜	350 公克	蒜頭	4 瓣
鴨血	150 公克	昆布醬油	適量
鮮蚵	100 公克	鹽巴	少許
蝦仁	100 公克	柴魚片	適量
豬肉絲	50 公克	白芝麻	適量
苦茶油	適量	芝麻油	少許
辣椒	2 條	雞骨高湯	適量
薑片	6 片	白芝麻油	適量

作法

01 首先將皇宮菜、鮮蚵燙熟，鮮蚵冰鎮備用。

02 鍋內倒入橄欖油，放入辣椒、蒜頭、肉絲、蝦仁等食材炒香，用鹽、醬油調味，淋入雞骨高湯，拌炒均勻。

03 加入皇宮菜後迅速翻炒起鍋，接著依序放上鮮蚵、柴魚片及白芝麻，拌勻即可食用。

27 香棗桂圓烏骨雞

預防白髮、改善髮質

我個人對黑色食譜是有偏好的，像這道香棗桂圓烏骨雞我就經常煮來吃。黑棗、烏骨雞、香菇、黑木耳加入了龍眼乾後產生特殊的香氣和風味；更重要的是，這道料理對中年人來說非常好，顧好了腎、肝的根本後，氣血旺，還能夠預防白髮、改善髮質。

食材

食材	份量	食材	份量
龍眼乾	30 公克	蒜頭	3 瓣
黑棗	10 顆	薑片	4 片
烏骨雞	400 公克	豬苓粉	適量
枸杞	適量	香菇醬油	適量
香菇	30 公克	雞高湯	適量
黑木耳	30 公克	米酒	少許
青蔥	30 公克	九層塔	適量
辣椒	2 支	橄欖油	適量

作法

01 青蔥切段；桂圓、黑棗用米酒泡發，並將湯汁留下來備用。

02 鍋內放入橄欖油後爆香青蔥、蒜頭、薑片、辣椒，烏骨雞肉用豬苓粉抓醃後再入鍋內煸炒出香味；接著以醬油調味，並放入浸泡後的桂圓、黑棗等食材，淋入雞高湯，翻炒後蓋住鍋蓋悶煮收汁，起鍋前撒入枸杞。

03 起鍋盛盤後放上九層塔即可上菜。

02

03

淑惠營養師的關鍵食材營養教室

01｜桂圓：曬乾後的龍眼因為經過濃縮，所以含糖量特別高，100 公克熱量就有 273 大卡。含有鐵、鋅和鉀，因此有補血醒腦功效。量不宜過多，吃多容易上火、口乾舌燥、流鼻血。

02｜黑棗：新鮮棗煮熟、冷卻、曬乾再漬蜜烘焙而成，含鐵量和糖分都比紅棗高，養血作用更強，能促血、烏髮，但容易滯膩、脹氣不宜多量。

03｜豬苓：利水滲濕，味甘性平，歸腎膀胱經，用於水腫、小便不利、妊娠水腫時。

28
繽紛蘿蔔芥藍牛

恢復黑髮

淑惠營養師的關鍵食材營養教室

01 | 牛肉：蛋白質含量高達 20%，能提供完整的必需胺基酸，還有豐富的 B1、B2、B12 和鐵質，是提供營養滋補的好來源。若與當歸、黃耆同用，補中益氣、強筋健骨的效果更強，營養狀態提升，髮質自然健康、變黑。

02 | 當歸：補血藥材，有興奮子宮的成分，能補血、行血、潤腸、調經功效。且能養血健脾，對應貧血引起的頭暈目眩耳鳴有舒緩的效果。

03 | 黃耆：補氣藥，含生物鹼、膽鹼，可使能量產出，興奮神經、而有所謂補氣強壯之用。

牛肉和當歸、黃耆一起煮，對黑髮有幫助這是很多研究已經確認的事實，但是這道料理最特別的是，還加入了紅白蘿蔔，不僅僅添色，還能夠軟化牛肉，並與各種材料產生協同作用，吃起來口感更豐富，是本道料理的最大特點。

食材

- 紅蘿蔔……50公克
- 白蘿蔔……50公克
- 紅甜椒……50公克
- 黃甜椒……50公克
- 菜心……150公克
- 牛肉片……200公克
- 當歸……2片
- 黃耆……適量
- 蔬菜高湯……100cc
- 薑片……3片
- 蔥……適量
- 鹽巴……少許
- 米酒……適量
- 薄鹽醬油……少許
- 蛋白……1顆
- 地瓜粉……少許
- 苦茶油……少許
- 枸杞……適量
- 黑芝麻……適量

作法

01 紅白蘿蔔、紅黃甜椒、菜心切絲；蔥切成蔥花；蔬菜高湯與當歸、黃耆熬煮成藥膳高湯；牛肉放入薄鹽醬油、蛋白及地瓜粉拌勻後輕醃漬備用。

02 鍋內放入苦茶油爆香薑片和蔥白，再放入紅白蘿蔔絲、紅黃甜椒、菜心、牛肉拌炒均勻，接著倒入藥膳高湯煮，用鹽調味，再撒上枸杞。

03 起鍋後擺盤，撒上些許的蔥花及黑芝麻即可食用。

02

03

03

29
田園彩蔬燉魚

養胃

這是法式料理的經典菜色——法式雜菜煲（又稱「普羅旺斯雜燴」，Ratatouille），也就是電影《料理鼠王》中最後征服美食評論家的那道菜。當製作單位給我重現這道菜的任務的同時，還要求加入更多健康的元素，因此，我就在原本都是蔬食的內容中再加上了鯛魚片，不僅滋味更棒、營養更豐富，整個擺盤堆疊起來的效果也更是令人驚豔！

食材

鯛魚	200 公克	雞蛋豆腐	50 公克
黃櫛瓜	100 公克	番茄糊	適量
綠櫛瓜	100 公克	印加果油	適量
茄子	100 公克	胡椒粉	少許
番茄	2 顆	鹽巴	少許
高麗菜	50 公克	義大利綜合香料	適量
南瓜	100 公克	香菜	少許
馬鈴薯	100 公克	柴魚高湯	適量

作法

01 雞蛋豆腐切丁；高麗菜、南瓜、馬鈴薯切丁後先用水煮過；黃綠櫛瓜、番茄、茄子切片；鯛魚切薄片備用。

02 準備一隻淺砂鍋，倒入印加果油，放入水煮過的高麗菜丁、南瓜丁、馬鈴薯丁拌炒，接著撒胡椒粉、倒番茄糊，再加柴魚高湯淹過所有蔬菜，放進雞蛋豆腐丁後以小火悶煮。

03 依序將黃櫛瓜片、綠櫛瓜片、番茄片、鯛魚片、茄子片，一層一層、顏色分明地排列圍繞在鍋子上方，淋上印加果油、撒點鹽調味，再蓋上鍋蓋悶煮 3 到 5 分鐘，至魚片熟、蔬菜軟化。

04 撒上義大利綜合香料及香菜後即可整鍋上桌。

03

03

04

淑惠營養師的關鍵食材營養教室

01｜高麗菜：含有大量的維生素K和U，可以保護胃的黏膜，幫助凝血、改善胃出血狀況。但高麗菜也含有會產氣的硫，因此要盡量避免生食。

02｜櫛瓜：水份多能補充夏日流失，高鉀清熱、利水、降壓，高纖卻不粗糙，因所含多為軟質纖維，因此不會對腸胃造成過度刺激。

30
南洋椒香肉骨茶

消除胃脹氣、提高食慾

淑惠營養師的關鍵食材營養教室

01｜蘿蔔：俗話說冬吃蘿蔔夏吃薑，不用醫生開藥方，蘿蔔含有豐富的澱粉分解酶，可以化解過度積食、預防胃潰瘍或胃脹氣，還具有天然的芥辣素，幫助脂肪分解，當與高脂食物共食時，有助消化、解油膩的作用。

02｜肉骨茶：為中藥複方，具有除濕效果，可健脾養胃。含陳皮、當歸、八角、甘草、丁香、白胡椒粒，提供豐富維生素和礦物質，達到補血行氣，增進腸胃蠕動的功效，在夏季高溫流汗許多的時候，利用這些藥材加上豬軟骨煲湯，可以達到暖胃養生功效。

這道肉骨茶是屬於健康養生改良版，除了排骨和肉骨茶高湯之外，再加上白胡椒是肉骨茶經典的三個主角，其他的紅白蘿蔔等都是去油解膩、健康養生的食材，最重要的是加入了「松子」，不只轉化油脂，更使得肉骨茶味中多了清香的好味道，湯更好喝、肉更好吃。

食材

豬肉軟排骨	200 公克	芹菜	10 公克
薑片	5 公克	豆腐	1 塊
白胡椒	10 公克	肉骨茶高湯	適量
紅蘿蔔	50 公克	松子	適量
白蘿蔔	50 公克	苦茶油	少許
番茄	1 顆	鹽	少許

作法

01 排骨汆燙去油後，以肉骨茶高湯小火熬 2 小時備用。

02 番茄、豆腐、紅白蘿蔔切塊；芹菜切末。

03 鍋內倒入些許苦茶油，炒香薑片，再放入紅白蘿蔔以及番茄拌炒，撒上松子後，整鍋倒入肉骨茶高湯繼續熬煮並以鹽調味。

04 放入豆腐悶煮，起鍋前撒上芹菜、白胡椒即可。

31
義式茄汁果香鯖魚

強化脾胃、預防搔癢

地中海式飲食不只健康又好吃，往往也是我創作的靈感來源。此道料理是我改良義式料理而來。鯖魚、番茄、黃甜椒、紫洋蔥、蘋果、檸檬……都是色彩繽紛的食材，味道更是酸酸甜甜，讓人看了就會流口水。

食材

食材	份量	食材	份量
鯖魚	300 公克	薑末	適量
番茄	2 顆	薑黃	少許
黃甜椒	30 公克	檸檬汁	少許
蒜頭	3 瓣	蔬菜高湯	適量
紫洋蔥	半粒	胡椒	少許
番茄醬	1 匙	橄欖油	適量
辣醬油	少許	巴西里	適量
蘋果泥	適量	義大利綜合香料	少許

作法

01 紫洋蔥、黃甜椒切絲；番茄切塊；鯖魚切大片、撒上些許胡椒備用。

02 鍋子內放入橄欖油，先將鯖魚兩面煎香後，再爆香蒜末、薑末，放入紫洋蔥、番茄、黃甜椒拌炒，倒入蔬菜高湯，同時放蘋果泥、檸檬汁、番茄醬、薑黃粉，並用辣醬油調味。

03 起鍋後盛盤撒上巴西里、義大利綜合香料即是一道充滿果香、酸酸甜甜的鯖魚料理。

02

02

03

淑惠營養師的關鍵食材營養教室

01｜鯖魚：容易消化的蛋白質才能修復受損腸胃黏膜，比起雞或豬肉，魚肉是更好的選擇。鯖魚是數一數二含高量支鏈胺基酸的魚種，可以幫助組織修復，增長肌肉，又有高量 ω-3 脂肪酸，有抗發炎功效，適合慢性胃炎或胃潰瘍患者來選擇。

02｜紅色食材番茄，紅黃甜椒都是豐富的胡蘿蔔素來源，能強化皮膚、減少春季過敏引起的皮膚搔癢。

32
蜜汁紅棗地瓜燒肉

顧腸道

淑惠營養師的關鍵食材營養教室

01 | 地瓜：腸道是人的第二個腦，腸道如果健康，連帶神經系統、內分泌系統和免疫系統都會強壯。

地瓜屬於非精緻澱粉食物，除了供應糖分之外，還有豐富膳食纖維可以達到三通：通便、通尿、通汗，因此中醫認為地瓜可以顧脾胃、鞏固健康根本。地瓜更是好的益生質來源，不單能促進腸道蠕動，還會養好菌、幫助菌相重建、提升腸胃功能。

02 | 海帶芽：海底蔬菜，含有非常豐富的礦物質和微量元素，可以幫助骨骼強健、維持精力。還因為有豐富的可溶性纖維（黏稠感覺），不單可以吸附毒素排出，也可以養好菌提升腸道功能。因為質地柔軟，所以對腸胃虛弱者是一個很好的蔬菜選擇。

地瓜和燒肉的組合很少見，且具堅果味的印加果油（因為果實外型非常像星星，因此又稱「星星果油」），加上紅棗、蜂蜜等顧腸胃又美味的食材，讓這道菜呈現出來的味道非常豐富。

食材

地瓜	200 公克	紅蘿蔔	20 公克
紅棗	10 顆	蒟蒻絲	20 公克
蜂蜜	適量	白芝麻	少許
豬肉片	200 公克	昆布醬油	少許
芹菜	30 公克	印加果油	適量
海帶芽	20 公克	香菜	少許

作法

01 地瓜切塊、紅蘿蔔切絲備用。

02 將地瓜與紅棗加水及蜂蜜，一同熬煮至地瓜裹上蜜汁狀。

03 鍋內用冷鍋冷油的方式加入印加果油、蒟蒻、紅蘿蔔絲、發泡過的海帶芽豬肉，以小火炒至豬肉三分熟後，加入地瓜、紅棗等其他食材一同低溫翻炒，用昆布醬油調味後即可起鍋。

04 灑上白芝麻、香菜即完成。

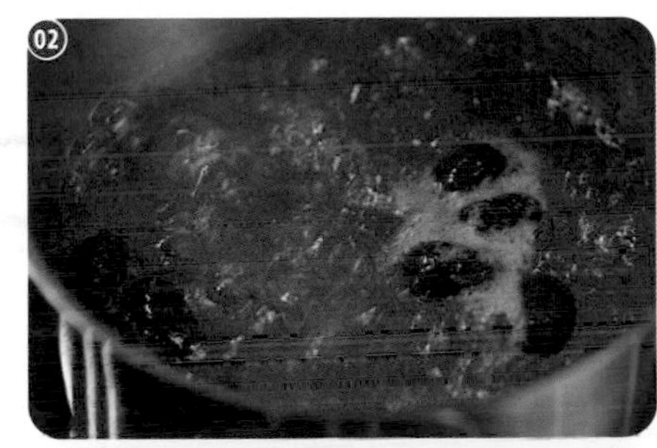
02

03

04

33
高麗菜南瓜封

保護腸胃

本道料理的主材料是高麗菜和南瓜，前者味道清香，後者鮮甜，兩者都是保護腸胃的好食材，另外加上豬絞肉和蔬菜高湯、薄鹽醬油、味醂和其他材料進行調味。放射狀的擺盤和翠綠的顏色，都可以刺激我們的食慾。

食材

高麗菜	1顆	香菜	適量
南瓜	200公克	蔬菜高湯	適量
絞肉	200公克	薄鹽醬油	少許
雞蛋	1顆	味醂	少許
薑泥	少許	白芝麻油	適量
番茄	50公克		

作法

01 高麗菜整顆稍微燙軟，剝下一片片菜葉，約6大片。南瓜切塊燙熟、番茄切丁備用。

02 絞肉、薑泥、雞蛋、薄鹽醬油、味醂、白芝麻油拌在一起，每一片高麗菜葉放入適量豬肉內餡和一塊南瓜，捲起後用牙籤固定，放入鍋內與用醬油、味醂調過味的蔬菜高湯一起悶煮。

03 起鍋後盛盤，擺上番茄丁及香菜裝飾，即可上菜。

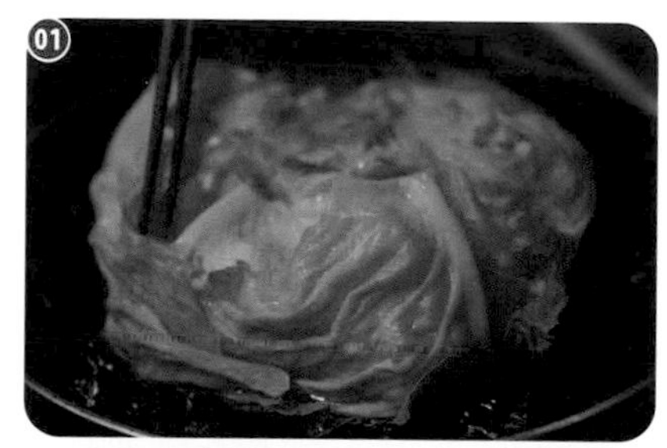

淑惠營養師的關鍵食材營養教室

01｜高麗菜：中醫視高麗菜入脾胃經，可養腸胃。有研究指出其含硫配醣體能殺死幽門螺旋桿菌、抑制胃炎，也可幫助肝臟生成抗氧化酵素、提升肝功能、減少罹癌機率。

02｜南瓜：南瓜的橙黃色代表能提供相當高的 β- 胡蘿蔔素、葉黃素和玉米黃素，可以抗衰老，對視力、皮膚滋潤、血管彈性和抑制腫瘤上也有作用。另有微量鈷元素構成維生素 B12、鋅元素幫助紅血球分裂與成熟，因此南瓜對促進成長發育、經後補血有益。其質地柔軟，又含纖維，可通便利腸、調整腸胃。

34
鵝油翠玉雙耳絲

預防胃潰瘍

淑惠營養師的關鍵食材營養教室

01 | 鵝油：在動物性油脂中，鵝油罕見的含有相當高比例的單元不飽和脂肪酸（56%），其中又以油酸（ω-9 脂肪酸）為主，研究顯示油酸安定、耐高溫，可降總膽固醇、促進膽汁正常分泌，幫助腸胃正常功能。

02 | 牛蒡：不僅膳食纖維高（花椰菜的 3 倍，胡蘿蔔的 2.6 倍），可以改善排便不順狀況，其所含菊糖（菊苣纖維）也是益生菌的食物，能夠養好菌、提高腸道消化力。特別的是高量酚酸類植化素（綠原酸）可以改善胃黏膜、抑制幽門螺旋桿菌生長。還能調整血糖、抑制低密度脂蛋白、保護心血管。

好的油脂和膠質是保護胃壁最好的食材。因此，我們特地將屬於前者的鵝油，搭配屬於後者的植物性膠質木耳和牛蒡，以及動物性膠質的豬耳朵，並搭配其他配料，組合成一道一口咬下就是滿滿好油、好膠質且味道絕佳卻又罕見的健康料理。

食材

食材	份量	食材	份量
高麗菜	150 公克	蠔油	適量
木耳	50 公克	白芝麻	少許
豬耳朵	50 公克	芝麻油	少許
蘋果	1 顆	香菜	少許
番茄	1 顆	鵝油	適量
牛蒡	30 公克		

作法

01 番茄切丁；蘋果、牛蒡切絲；高麗菜切絲汆燙後迅速冷卻冰鎮；豬耳朵切絲後加水、蠔油煮至軟化後冷卻備用。

02 鍋內放入些許的鵝油後加入木耳絲、牛蒡絲拌炒均勻，關火，加入高麗菜、豬耳絲、蘋果絲、番茄丁及白芝麻油，全部材料一起拌勻。

03 起鍋盛盤後撒上白芝麻、擱點香菜即可食用。

35 月見龍虎斑山藥露

顧胃、組織修復、提升免疫力

這道料理也是用滿滿的膠質來顧腸胃，但這次的主角變成龍膽石斑魚，搭配黑木耳、南瓜泥和人參山藥泥。盛盤後會宛如白色海洋中突起的一座山峰，而那山峰的頂端就是南瓜泥做成的月見，彷彿一幅山水圖畫。

食材

食材	份量	食材	份量
龍膽石斑魚肉	250 公克	香菜	適量
番茄	30 公克	南瓜	30 公克
高麗菜	30 公克	人參山藥	適量
木耳	30 公克	鹽巴	少許
蓮藕粉	適量	薄鹽醬油	適量
薑末	少許	白芝麻油	少許

作法

01 龍膽石斑切丁；高麗菜、番茄切碎；木耳切絲；南瓜蒸熟壓成泥；人參山藥加些許水用調理機打成泥。

02 將龍膽石斑魚放入調理機打至有黏性後，拌入高麗菜、番茄、木耳、薑末、蓮藕粉、白芝麻油，用鹽和薄鹽醬油調味，並放入一個容器內，用蒸籠或電鍋蒸熟。

03 先將人參山藥泥倒入深盤進蒸籠蒸約 2 分鐘，再將事先蒸好的魚肉蔬菜丁倒入人參山藥泥中，上面擺放一顆塑成球狀的南瓜泥，再擱一點香菜，就是一道美味、好看、又健康的宴客菜。

02

03

03

淑惠營養師的關鍵食材營養教室

01 | 龍虎石斑：豐富支鏈胺基酸（BCAA）可以幫助受損組織修復。且含高量離胺酸可幫助鈣、鐵及鋅的吸收，促進膠原蛋白合成、肌肉成長、強化抵抗力。

02 | 山藥：含有大量黏蛋白，能促進消化、保護胃黏膜、保持血管彈性。薯蕷皂素是荷爾蒙原料之一，可預防減緩老化。還有多醣體能增加 T 細胞數、提高巨噬細胞吞噬力，這些都與增強活力提升免疫相關。

36
番茄魚燥燕麥麵

改善便秘

淑惠營養師的關鍵食材營養教室

01 | 番茄：從中醫觀點來看，紅色護心。含有豐富茄紅素可以抑制膽固醇合成，另外還提供維生素 B6 和葉酸，可降低同半胱胺酸的量，對血壓、心血管有益處。

02 | 鯖魚：提供非常高量的 ω-3 脂肪酸，不僅可以降血脂，也可以抗發炎、調整免疫力。

03 | 老薑：冬天使用老薑，是因其含薑辣素，可以促進血液循環、保暖身體，也能刺激腸胃，提升消化能力。

這道料理其實就是苦茶油麵線的進階版。只是將麵線改成了和蒟蒻麵一樣相對比較健康的燕麥麵。此外還使用了鯖魚、旗魚或是鯊魚等海魚切成魚丁製成的魚燥」，做成有如乾拌麵一樣美味的魚燥拌麵。

食材

番茄……2顆
芹菜……50公克
黑木耳……20公克
鯖魚、旗魚、鯊魚等海魚……200公克
蓮子……20公克
老薑……5公克
紅棗……20公克
枸杞……5公克
香菜……10公克
燕麥麵……200公克
苦茶油……適量
薄鹽醬油膏……少許
味醂……少許
胡椒……適量
蔬菜高湯……適量

作法

01 將魚肉、黑木耳、番茄切丁，紅棗切碎，蓮子蒸至軟透，並將燕麥麵燙熟後拌上苦茶油備用。

02 鍋內倒入苦茶油爆香薑末，放入魚丁、紅棗碎、蒸熟的蓮子，以及番茄、芹菜、黑木耳，淋點蔬菜高湯，炒至如肉燥般的口感後再用薄鹽醬油膏、味醂調味，放點胡椒，最後撒上枸杞。

03 將炒好的魚燥淋上燕麥麵，擺上香菜即可食用。

01

02

03

37
山藥雙耳炒雞絲

降血脂、降膽固醇、增加好的膽固醇、舒緩胃炎和潰瘍

在健康管理上，對於血管壁和胃壁的保健非常重要，所以，我們特地選用山藥、黑木耳、白木耳、紅黃甜椒，還有雞肉的里肌肉。藉由拌炒的動作保留山藥的黏液質是其精華所在，即使是老人也容易入口、吸收。

食材

山藥	200 公克	青蔥	1 支
黑木耳	30 公克	鹽巴	少許
白木耳	30 公克	柴魚醬油	適量
雞肉絲	50 公克	芝麻油	適量
紅甜椒	20 公克	米酒	少許
黃甜椒	20 公克	苦茶油	少許
蒜頭	3 瓣		

作法

01 紅甜椒、黃甜椒、山藥切絲後備用。

02 先用苦茶油爆香蒜頭、蔥白，再加入雞肉絲、黑木耳、白木耳拌炒至飄出香味。

03 加入山藥絲迅速翻炒，翻炒過程不讓黏液跑出、保持爽脆口感。

04 加入紅、黃甜椒絲及鹽、柴魚醬油、米酒拌炒均勻，起鍋盛盤後淋上芝麻油、撒上蔥綠即可食用。

淑惠營養師的關鍵食材營養教室

01 | 雙耳：黑白木耳富合膳食纖維，具有調降血脂功效。黑木耳特有的腺嘌呤核苷能抑制血小板凝結，可預防血栓；白木耳則富含多醣體，可激活免疫系統的巨噬細胞的活性，提升免疫力。

02 | 山藥：主要營養成分為澱粉，因為含有楊梅素和豐富的黏蛋白，可以讓消化更順暢，是能舒緩胃炎或潰瘍患者不適的食材。

38 珍菇茶湯煨海魚

護心清血管、護胃肝膽

淑惠營養師的關鍵食材營養教室

01｜石斑魚：含豐富的支鏈胺基酸能幫助肌肉建造，且質地柔軟，容易消化吸收，豐富油酸更可以改善低密度膽固醇，減少動脈硬化的機會。

02｜綜合菌菇、黑木耳：這些蕈菇質地柔軟，不會對胃部造成負擔，適合胃炎或潰瘍患者食用。豐富可溶性纖維可以促進膽汁代謝、維持肝膽正常分泌功能，也因為會將膽汁酸吸附排出體外，進而促使肝臟膽固醇分解成膽汁，達到調降血膽固醇效果。

這道料理是從日式茶泡飯發想而來，儘管沒有用到米飯，但以茶湯為主要味道和營養來源，再加上石斑魚、菌菇、木耳等食材以煨煮方式將美味和營養素都一起融入，讓本道料理既有茶湯的清香又有石斑魚、菌菇、木耳的特殊味道，不只好吃又能清血管、護胃和保肝膽。

食材

食材	份量	食材	份量
石斑魚	1 條	茶高湯	適量
綜合菌菇	60 公克	昆布醬油	少許
木耳	30 公克	味醂	少許
紅甜椒	20 公克	米酒	少許
蒜頭	5 公克	芝麻油	少許
薑泥	5 公克	香菜	適量

作法

01 木耳、紅甜椒切絲，蒜頭切末備用，石斑劃刀後用滾水汆燙、洗淨後備用。

02 先用芝麻油炒香蒜末、薑泥，再下菇類、木耳、紅甜椒炒香，倒入茶高湯，放進石斑魚，用鹽和昆布醬油調味，煨煮至收汁。

03 將石斑魚盛盤後，於上方放置菇類及紅甜椒，擺點香菜裝飾即可。

39
紅麴蒜仁苦茶油雞

減緩心臟不適、顧胃

在苦茶油的故鄉——阿里山公路的路邊有很多店家在賣苦茶油雞。一般來說苦茶油雞有乾及湯的兩種，本道料理則是從乾式苦茶油雞變化而來，並增加了紅麴、苦茶油和黑芝麻三項健康元素。既美味又健康，絕對是吮指美味。

食材

食材	份量	食材	份量
雞肉	300 公克	芹菜	80 公克
蒜頭	20 公克	香菜	適量
紅麴	1 大匙	苦茶油	適量
薄鹽醬油	少許	米酒	少許
蛋白	1 顆	黑芝麻	10 公克

作法

01 芹菜切段；將雞肉與蛋白、紅麴抓醃後備用。

02 鍋內放入苦茶油後加入蒜頭、雞肉慢火、低油溫（不冒煙）炒至香味飄出即可淋點米酒、用薄鹽醬油調味，最後加入芹菜拌炒。

03 將炒好的雞肉盛盤後撒上黑芝麻、擺上香菜即可食用。

淑惠營養師的關鍵食材營養教室

01 | 蒜頭：大蒜當中的蒜素可以抑制血小板凝集，預防血栓發生，其他植化素「艾喬恩」可抑制膽固醇合成，因此大蒜一直被認為有預防心血管疾病的功效。

02 | 苦茶油：已經被證實可以抑制胃幽門桿菌繁殖，怪不得以前老奶奶常常每天喝一匙苦茶油來顧胃。另外，豐富 ω-9 脂肪酸可以促進膽汁正常分泌，維持膽固醇分解代謝，降低低密度脂蛋白的合成，可保護心血管。

40 西西里海鮮濃湯

減肥吃不膩

這湯看起來很像羅宋湯，但由於各式配料和海鮮料的關係，多了濃厚的海味，和蔬菜的味道搭配起來，就構成了這道地中海料理中非常有名的濃湯。更重要的是，借油借水的烹煮方式，不僅環保，也是這道料理晉升為美味養生菜的主因，更是我們創新這道料理的核心想法。

食材

馬鈴薯……2顆
牛番茄……3顆
洋蔥……1顆
西洋芹……3根
青蔥……1根
大蒜……4瓣
干貝……150公克
蝦仁……100公克
深海魚肉丁……50公克
義大利綜合香料……適量
香菜……適量
鹽……適量

作法

01 馬鈴薯、番茄切塊，干貝切丁備用。

02 將馬鈴薯、番茄、洋蔥放入電鍋的內鍋，以2/3杯的水量用電鍋蒸熟，取出備用。

03 將蒜末、青蔥、干貝丁、蝦仁、深海魚肉丁放入鍋內，不放任何一滴油，以借油借水法的方式，炒至香味四溢。

04 將電鍋蒸好的蔬菜用攪拌棒或調理機加水攪打成泥，放入鍋內煮成濃湯狀，用鹽調味，再拌入炒好的海鮮料，起鍋盛至湯碗，撒上義大利綜合香料及香菜即可食用。

03

04

淑惠營養師的關鍵食材營養教室

01｜馬鈴薯：屬於全穀根莖類，除了澱粉、醣類外，還有多種維生素（B6、C）、鉀和膳食纖維，所以有紓壓、降血壓功效。若以相同熱量作替換，馬鈴薯可吃的體積會大許多（1 碗馬鈴薯等同 1/2 碗飯），對需控制熱量但又不想挨餓的人來說，馬鈴薯是很適合取代白米的食材。但是馬鈴薯很會吸油，因此烹調方式很重要，蒸煮比較適合，炸或焗烤就很容易吸油熱量爆表。

02｜馬鈴薯置陰涼處保存即可，若遇發芽馬鈴薯，龍葵鹼含量會增高，食用會中毒，建議整顆都不吃，而不是去掉芽眼而已。

41 干貝生菜夾

促進身體激瘦

淑惠營養師的關鍵食材營養教室

01 | 干貝：除掉水分後幾乎都是蛋白質，脂肪和碳水化合物非常少。100 公克熱量僅 57 大卡，適合減重者選用。高量麩胺酸是干貝鮮味的來源，作用體內可以提高腦部功能、促進傷口癒合、消除疲勞。

02 | 福山萵苣：因折斷葉梗可見白色乳汁，故又稱乳草。其中有 95% 是水分，又含高鉀（220 毫克），因此有利尿通便、清熱生津功效。因生長過程不易長蟲，所以很少施藥，可以生食。低熱量、大體積，適合搭配海鮮等低脂肉食用，能口腹飽足但不發胖。還有胡蘿蔔素可以維持上皮細胞完整；芳香煙羥化脂能分解亞硝酸胺，防止細胞癌化。

這道料理是「蝦鬆」的美味健康改良版，不止有萬物皆可搭的萵苣，更以幾乎沒有脂肪的干貝代替蝦仁，加入吸濕排汗的美味咖哩粉後，就比蝦鬆的味道更上好幾層樓了，這也是當初創作本道料理最大的突破點，用不同的創新點想出了一道新料理。

食材

干貝	150 公克	核桃	15 公克
萵苣（可選用福山萵苣）	1 顆	蔓越莓	適量
芹菜	30 公克	鹽巴	少許
紫洋蔥	30 公克	咖哩粉	少許
蒸熟黃豆	15 公克	橄欖油	適量

作法

01 干貝、芹菜、紫洋蔥切丁，核桃切碎備用。

02 將干貝丁、芹菜丁及紫洋蔥丁等食材放入鍋內，用橄欖油炒香後加鹽、咖哩粉調味。

03 將炒熟的干貝先放入調理缽內稍微冷卻，接著拌入核桃碎及熟黃豆、蔓越莓。

04 用福山萵苣包著拌好的配料吃，就是一道健康改良版的「生菜蝦鬆」。

02

04

42
白頭韭菜拌蝦仁

減重補陽

這是一道溫拌菜。以白頭韭菜和蝦仁為主材料，前者和綠頭韭菜或韭菜花相比，口感更加鮮甜；後者則是脂肪量不大的增肌減脂法寶。重點是，兩者合在一起搭配其他配料，兩種甜不僅融合成一體，功效也統一了，成為一道特別的減重補陽料理。

食材

食材	份量	食材	份量
白頭韭菜	1 把	蒜泥	少許
蝦仁	150 公克	薑末	少許
紅甜椒	15 公克	鹽	少許
黃甜椒	15 公克	米酒	少許
蠔油	少許	香油	適量
辣醬油	適量	柴魚片	適量

作法

01 紅黃甜椒切塊；白頭韭菜切段備用。

02 鍋內放入一盆水煮沸，加入些許米酒、鹽來汆燙韭菜、甜椒及蝦仁。

03 調理盆內放入薑末、蒜泥、蠔油、辣醬油，再加入燙熟的韭菜及蝦仁、紅黃甜椒，充分拌勻。

04 拌好的韭菜、蝦仁盛盤，撒上些許的香油和柴魚片即可食用。

淑惠營養師的關鍵食材營養教室

01 | 韭菜：韭菜食用部位為莖葉，分有白頭韭菜和綠頭韭菜。白頭韭菜白色部位多，葉片較大，口感較嫩；綠頭韭菜則是全青色，葉片窄小，辛辣味濃。
韭菜熱量低、水分高纖維高、可將腸道毒素快速排出，因此又有洗腸草的別名。強而有力的硫化物可以幫助解除亞硝酸胺致癌性，蒜胺酸可以抑制病菌，因此適合減重、消脂、抗癌者。

02 | 蝦仁：100 公克熱量有 44 大卡、9.7 克蛋白質，且脂肪僅 0.3 克，對想減脂增肌者不啻為好選擇。許多人擔心蝦子的膽固醇高，但 100 克蝦仁也只含 145 毫克膽固醇，比一顆雞蛋還少，因此適量食用是不必擔心的。

43
綠茶櫛瓜燒肉

消暑、減重

淑惠營養師的關鍵食材營養教室

01 | 櫛瓜：瘦身好食物中，櫛瓜常常榜上有名，因為 100 克才 20 大卡，不單低熱量，還富含其他營養素，像外皮含 β- 胡蘿蔔素，在體內可轉化為維生素 A 強化皮膚，維持視力，也可以抗老化提升免疫。還有高鉀可幫助血壓調控。鈣和鐵質可強化骨骼、改善貧血。

02 | 雞胸：提供優質蛋白質，不含碳水化合物，只有非常少的脂肪，對健身者而言，雞胸肉是精簡身型維持肌肉的重要來源。能提供菸鹼酸和維生素 B6，協助熱量產出，因此可以有較高新陳代謝速率，加速減重。

03 | 綠茶：未發酵綠茶含最大量兒茶素，強抗氧化力可防癌抗衰老，與維生素 E 協同，阻止血脂肪氧化沉積血管壁上，加速代謝，對想瘦身減重者有益。

櫛瓜一直是減重聖品，同時味道清爽、清脆，加上綠茶不只味道清香，兒茶素的健康功效更是無敵，如果追加無脂肪的雞胸肉，三者一躍成為夏日減重最舒服、最好吃也最簡單的料理。

食材

食材	份量
雞胸肉	300 公克
昆布醬油	適量
櫛瓜	100 公克
鹽巴	少許
橄欖油	適量
米酒	少許
綠茶	少許
蔬菜高湯	適量
香油	少許
香菜	少許
枸杞	少許

作法

01 櫛瓜切絲備用。

02 首先將雞胸肉放入鍋內煎香，再倒入綠茶、蔬菜高湯一同煎煮。

03 另起一鍋，放入橄欖油、櫛瓜絲、枸杞、香菜炒至香味四溢。

04 煎煮好的雞胸肉放入鹽巴、昆布醬油、米酒、香油做調味，再加入炒好的櫛瓜，稍微微悶煮入味，即可起鍋盛盤。

01

03

04

44 瓜果蝦仁煲

改善濕熱體質

瓜類一直都是去濕利尿的聖品，還能消水腫，所以本道料理用苦瓜、冬瓜、小黃瓜三瓜合一拿來排除體內多餘濕氣效果自然更好，再搭配蝦仁和其他配料及調味料成為瓜果蝦仁煲後，是一道溫補且消水腫、調整內分泌的超級好食譜。

食材

苦瓜……80 公克
冬瓜……80 公克
小黃瓜……1 條
牛番茄……1 顆
芹菜……30 公克
蝦仁……150 公克
鹽巴……少許
白胡椒……適量
紫洋蔥……少許
薑末……適量
蓮藕粉……適量
昆布醬油……適量
橄欖油……少許

作法

01 番茄、紫洋蔥切丁；芹菜切段；苦瓜、冬瓜、小黃瓜切丁後汆燙備用。

02 炒鍋內放入橄欖油後加入洋蔥丁炒香，接著依序放入苦瓜丁、冬瓜丁、番茄丁、小黃瓜丁、芹菜和蝦仁，並用鹽和昆布醬油調味，拌炒至香味四溢、食材熟成。

03 用蓮藕粉水勾點薄芡，湯汁收乾即可起鍋。

02

02

03

淑惠營養師的關鍵食材營養教室

01｜冬瓜：水分高、鈉含量又極低，是消水腫的利器。富含維生素 C，可預防感冒、強化肌膚。另有能抑制黑色素沉澱活性物，因此有養顏美白的功效。

02｜小黃瓜：炎炎夏日，小黃瓜是開胃消暑的好食材。100 克熱量才 16 大卡，吃多也不怕，水分多，又含礦物質，適合夏天運動後當做水分、電解質補充品。還含有葫蘆素，有抑制癌細胞增生的功效。

45
番茄南瓜燒雞肉

抗老延壽

淑惠營養師的關鍵食材營養教室

01 | 南瓜：含有 β—胡蘿蔔素和硒等元素，能抗氧化，使得南瓜得以列入抗衰老名單。這些有益物質多存在外皮中，因此最好連皮一起烹調。

02 | 番茄：同時含有多種抗氧化植化素（茄紅素、維生素 A、維生素 C 和槲皮素），科學家認為多吃番茄有助於細胞延緩老化，但因屬油溶性最好加油烹調才好吸收。

03 | 紅藜麥：又稱「穀界紅寶石」，早期為台灣原住民糧食，雖為全穀澱粉類，但其蛋白質含量高達 14%，胺基酸種類齊全，可以彌補白米缺乏的離胺酸，是素食者取得蛋白質的好來源。其膳食纖維高達 14%（高白米 10 倍），可以延緩血糖上升，降低胰島素分泌、減少脂肪合成，有促進代謝不發胖的好處。

這道料理雖然主材料是番茄、南瓜和雞肉，但最特別的食材卻是紅藜麥。紅藜麥味道聞起來雖然有點草味，但卻是屬於清香好聞的那種，吃起來有點甜，脆脆 QQ 的。加入前三種食材的話，整道菜不僅酸酸甜甜好清爽，營養價值也瞬間倍增，連味道都立刻翻倍！

食材

- 南瓜……300 公克
- 番茄……2 顆
- 芹菜……20 公克
- 雞肉片……200 公克
- 紅藜麥……100 公克
- 豆漿……適量
- 毛豆仁……30 公克
- 松子……10 公克
- 蒜頭……3 瓣
- 蔬菜高湯……適量
- 香菇素蠔油……適量
- 芝麻油……少許
- 橄欖油……適量
- 鹽巴……少許
- 米酒……少許

作法

01 南瓜、番茄切塊；芹菜切末；雞肉片用鹽和米酒抓醃過。

02 將橄欖油與芝麻油倒入鍋內，加入南瓜、番茄丁、毛豆仁、蒜頭拌炒均勻。

03 加入蔬菜高湯、豆漿，用香菇素蠔油調味後，放入紅藜麥悶煮，再加入雞肉片快炒，即可起鍋。

04 撒上芹菜末、松子即可食用。

03

03

04

46
漁村烏魚雜糧飯

抗老延壽

這道料理充滿了小時候的濃濃記憶。烏魚子是台灣中南部漁民重要的收入來源之一，沒有烏魚子的烏魚卻非常便宜，因此也成為漁村必備的料理菜餚。常見的做法就是烏魚米粉、烏魚米糕，後者卻又容易傷胃，所以，我換成五穀雜糧飯，營養價值更高、更好吃又不傷胃，可以算是對漁民的一種致敬。

食材

烏魚（或鱸魚）......300 公克
五穀雜糧米飯......350 公克
牛奶......150 CC
毛豆仁......30 公克
南瓜......30 公克
蒜頭......5 瓣
蒜苗......1 支
薑片......6 片
腰果......15 公克
鹽巴......少許
米酒......適量
醬油......適量
麻油......適量
蛋黃......2 顆

作法

01 將雜糧米飯放入電鍋內，加入些許的牛奶、切丁的南瓜，煮成熟飯後備用。

02 炒鍋內放入麻油、薑片、蒜頭，再加入烏魚炒香，接著放入毛豆仁，再用醬油、鹽、米酒調味。

03 準備一個砂鍋，溫熱後依序放入少許麻油、雜糧米飯及炒好的烏魚，蓋上鍋蓋，微悶煮後淋上蛋黃，並撒上蒜苗及腰果即可食用。

淑惠營養師的關鍵食材營養教室

01 | 烏魚：肉質鮮嫩甘甜，胺基酸組成中有近 1/5 是支鏈胺基酸，對身體組織成長、傷口修復、提升免疫力有直接益處。雖然油脂含量稍多，屬中脂魚肉，但其中 2/3 量是不飽和脂肪酸，可以降血脂、避免血管硬化。特殊的含高量離胺酸（2000mg/100g）可以刺激胃液分泌、提高食物消化吸收，進而增進營養、促進生長發育。且含有維生素 B12（3.4mg/100g），是建議量的 141.7%，可以改善惡性貧血、維持好氣色、延年益壽。

02 | 雜糧米飯：古代五穀雜糧指的是小米、大米、小麥、大豆及高粱；現代雜糧則大都是米、麥、豆類和堅果混合而成。因為各自有不同營養，彼此互補，因而大大提升營養價值。像是大豆提供米缺乏的離胺酸，米則提供足量甲硫胺酸，糙米有豐富膳食纖維、維生素 B1 和 E，堅果有礦物質鈣、鎂、鋅，綜合起來讓其具有延緩血糖、保護心血管、維持腸道機能、延緩老化和抗癌等特性。

47
好孕元氣腰子

養胎不養肉

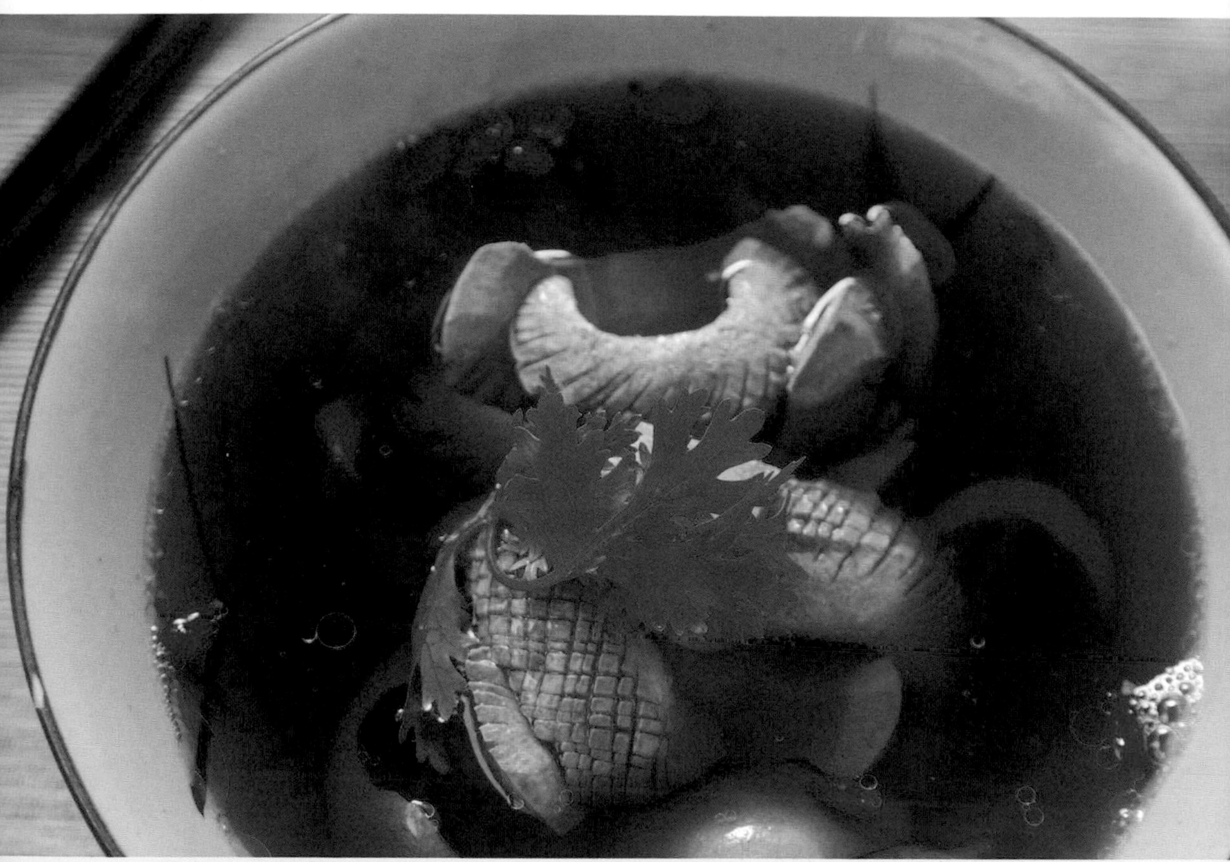

淑惠營養師的關鍵食材營養教室

01 | 杜仲、續斷與菟絲子皆為補陽藥，成分皆可強筋骨、活血、安胎。黃精和山藥為補氣藥，可作為營養運送滋養強壯劑。枸杞為補血藥，可補肝腎、生精血。此藥膳適用於孕婦滋養安胎上。

02 | 豬腰：性平味甘鹹，提供蛋白質和部分脂肪，有鐵和鋅可幫助造血，恢復精力，維生素A、維生素B2、菸鹼酸、B6和B12可助能量和蛋白質代謝正常，因此中醫視腰子可補腎壯陽。但膽固醇含量高（340mg/100g），因此高血壓、高血脂病人不宜多食。

女人懷孕最怕胖太多，但又怕不吃胎兒沒有營養，往往陷入兩難，且以往最常見的孕婦食譜「麻油腰子」雖然補，卻過於油膩。所以，本道料理就是我推出的高營養、好油脂的改良版。用吃了不僅無負擔還更健康的苦茶油取代了麻油，讓所有的營養都補充到胎兒身上，卻又不會增加媽媽的體重。

食材

杜仲……5錢
續斷……5錢
菟絲子……3錢
黃精……3錢
山藥……5錢
枸杞子……3錢
生薑……5錢
豬腰子……1付
米酒……少許
鹽巴……少許
雞骨高湯……適量
苦茶油……少許
香菜……少許

作法

01 將所有中藥材放入雞骨高湯內慢燉成藥膳高湯。

02 將腰子切成刻花狀再切片，接著放入鍋內與苦茶油、生薑快速翻炒後，加入米酒及藥膳湯煮滾即可。

03 起鍋後加入些許的香菜提味。

48 銀耳蛤蜊煨豬蹄

滋陰、養顏、備孕、發乳

這道料理可說是女性調理聖品，不管是孕前備孕、孕中養胎還是孕後調身，都非常適合。使用了植物性膠原蛋白的黑白木耳和動物性膠原蛋白的豬腳以外，還用了有發乳效果的的花生和顧健康、護身材的橄欖油。這道無比美味健康料理，是專門獻給全天下所有勞苦功高的女性朋友們，感恩。

作法

材料	份量	材料	份量
豬腳	300 公克	青花菜	適量
水煮生花生	50 公克	香菇素蠔油	少許
黑木耳	適量	米酒	適量
白木耳露	300CC	鹽巴	適量
蛤蜊	300 公克	橄欖油	1 茶匙
紅蘿蔔	50 公克	芝麻油	1 茶匙

作法

01 青花菜切小朵燙過；紅蘿蔔切塊、黑木耳切片後備用。

02 將水煮花生與豬腳放入電鍋內燉煮至熟軟，撈起冷卻備用。

03 鍋內放入橄欖油、芝麻油，加入蒜頭及黑木耳及紅蘿蔔一同炒香，再加入燉煮好的豬蹄、花生、銀耳露及香菇素蠔油、鹽、米酒一同煨煮入味。

04 起鍋前放入蛤蜊煮至開口，起鍋後擺上青花菜即可上桌。

淑惠營養師的關鍵食材營養教室

01｜豬腳：取豬腳部位非豬蹄，是因蛋白質含量較高（21.9%）、脂肪較少（17.6%）且多為膠原蛋白，因此可以養顏美容、促進乳汁合成。特別是含鋅量超高（18.2mg/100g），是豬肉的 9 倍，可幫助生殖細胞正常分裂、提高受孕機率。

02｜花生：為富含蛋白質的油脂堅果類，因為提供不飽和脂肪酸和豐富維生素 E，所以可以刺激乳腺和卵巢發育，因此可以使乳房豐滿、乳汁更多。但因花生極易受黃麴毒素污染，所以選購和儲存須格外注意。

49
蔥燒毛豆燴牡蠣

暖子宮、暖卵巢

淑惠營養師的關鍵食材營養教室

01｜牡蠣：提到生殖能力，聯想到的是「鋅」，鋅是 DNA、RNA 合成時必須物質，關係到男性睪丸固醇激素的合成，促進精子形成。女性則是影響濾泡刺激素、黃體促進素分泌，影響到卵巢排卵的進行。無論男女，鋅都與生殖力密切相關。而牡蠣是提供豐富鋅來源的食物。

02｜毛豆：大豆（毛豆、黃豆、黑豆）是富含植物性雌激素的食物。植物性雌激素因為結構與女性雌激素相近，因此有取代雌激素減緩更年期不適的功效。也具有雙向調節功能，幫助子宮卵巢機能正常，生理週期穩定。

牡蠣不僅對男性有幫助，對女人來說也是天賜恩物。更重要的是，其風味特殊，是入菜的最佳食材之一。這次採用「燴」的方式，以避免其他烹調法可能導致縮水變小的問題，以便保持牡蠣飽滿充實的原樣，營養素更不會流失。當然，味道更是一級棒，滿滿的海味象徵上天將百分百祝福都注入其中。

食材

食材	份量	食材	份量
牡蠣	200 公克	胡椒	少許
毛豆仁	100 公克	鹽巴	少許
洋蔥	1 顆	米酒	適量
紅蘿蔔	50 公克	苦茶油	適量
蒜頭	少許	地瓜粉	適量
辣椒	少許	青蔥	適量
香菇素蠔油	適量	香菜	適量

作法

01 紅蘿蔔、洋蔥切丁、青蔥切末，地瓜粉調水和勻，並將牡蠣汆燙後冰鎮備用。

02 鍋子內放入苦茶油後放入洋蔥、辣椒、蒜頭拌炒至聞到香味，接著放入毛豆仁與紅蘿蔔拌炒均勻。

03 放入牡蠣後快炒並且加鹽、香菇素蠔油、米酒、胡椒粉調味，最後加入地瓜粉水勾芡即可起鍋，加入蔥花、香菜增添香氣。

50
麻油烏骨雞墨魚麵

補腎氣，女性調理

墨魚麵是義大利料理的常見食材，但是麻油和烏骨雞就是道地的台式料理了，這道菜就是將台義料理結合的最好範例，更是黑色補腎料理又一道的創新食譜。不僅顏色黑，還有濃厚的香氣，再加上香菜、青蔥一起食用，絕對回味無窮。

食材

烏骨雞	300 公克	鹽巴	少許
墨魚麵	120 公克	醬油	適量
麻油	兩大匙	米酒	適量
蒜頭	4 瓣	黑胡椒	少許
薑片	4 片	青蔥	適量
辣椒	1 條	香菜	適量

作法

01 首先將墨魚麵依包裝上的指示（分鐘數）煮熟，拌入些許麻油備用。

02 將烏骨雞放入鍋內，與麻油、薑片、蒜頭、辣椒一起拌炒至有香味後加入鹽、醬油、米酒調味，待雞肉熟透後，再加入墨魚麵拌炒均勻。

03 起鍋後撒黑胡椒，擺上香菜、青蔥即是一道融合台、義精髓的噴香料理。

淑惠營養師的關鍵食材營養教室

01 | 烏骨雞：比起白肉雞，烏骨雞脂肪較少，蛋白質和礦物質含量較多。中醫看它味甘性溫，有滋補養脾胃功效，適合脾虛、食慾不振、產後術後虛弱者。

02 | 麻油：特高量亞麻油酸可以促進子宮縮收，幫助惡露排出，促進傷口修復，所以產後婦女必吃麻油。另高量單元不飽和脂肪酸（油酸）則有降壓、降壞膽固醇、抑制腫瘤細胞、減輕發炎等益處。

51
海鮮味噌白菜滷

低熱量減重、抑制病毒、調節免疫力

淑惠營養師的關鍵食材營養教室

01 | 包心白菜：是十字花科蔬菜，膳食纖維多，能促進腸道蠕動、清腸排毒、提高熱量消耗。植化素（芹菜素、異硫氰酸癌）和維生素 C 能養顏美容、提升免疫力、預防癌症。

02 | 鱸魚：熱量低且低脂、高蛋白，能提供飽足感，適合減重者食用。

03 | 維生素 D 不單與鈣吸收、骨骼強壯有關，在肌肉建造上也扮演啟動角色。干貝、蝦仁含有維生素 D，若搭配其他低熱量高蛋白食材，可以使減脂增肌效果更好。

本道料理就是味噌煮和白菜滷的養生美味綜合版。一般白菜滷常常和扁魚一起烹煮，但是往往都會煮過頭，導致鹹度過高，對身體不好。因此，加入可以久煮的味噌，讓兩者互補之外，更因為添加海鮮食材，味道層次更豐富、更營養。

食材

大白菜	300 公克	薑片	6 片
洋蔥	30 公克	青蔥	1 支
鱸魚	150 公克	味噌	40 公克
干貝	100 公克	味醂	少許
蝦仁	100 公克	昆布醬油	少許
蒜頭	5 瓣	鹽巴	少許
綠茶高湯	適量	胡椒	少許
南瓜	100 公克	香菜	適量
香菇	3 朵	苦茶油	適量

作法

01 鱸魚、洋蔥、南瓜切塊，香菇切絲備用。

02 先用苦茶油爆香洋蔥、蒜頭、薑片，再放入香菇、大白菜、南瓜繼續炒香。放入綠茶高湯和味噌，並用昆布醬油、鹽調味，繼續熬煮。

03 另起一鍋，放入些許的苦茶油煎香鱸魚、干貝、蝦仁等海鮮食材，撒點胡椒並煎熟。

04 將煎好的海鮮料鋪在煮好的白菜滷上，放上香菜、青蔥即完成。

03

04

52
香菇滷豬腳襯小魚莧菜

預防關節退化

本道菜豬腳圈和豬蹄這兩個部分都要用到，以便讓富含膠質的豬蹄和肉質較多的腳圈能和其他食材一起發揮健康的協同作用，進而產生最好的美味！

食材

食材	份量
豬腳	600 公克
乾香菇	100 公克
蔥	2 支
薑	30 公克
辣椒	2 根
莧菜	1 把
小魚乾	30 公克
黑木耳	30 公克
米酒	50cc
糖	1 大匙
醬油	4 大匙
雞骨高湯	1500cc
五香粉	適量
油	適量
水	500cc

作法

01 木耳切絲，乾香菇泡水後切片備用。

02 豬腳塊汆燙洗淨，放入鍋內與油、乾香菇、蔥、薑、辣椒一同拌炒至香味四溢。

03 鍋內依序加入五香粉、醬油、糖、米酒，再倒入水及高湯、小火滷至肉上色軟化（約 90 分鐘）。

04 用油將莧菜、小魚乾、木耳絲拌炒均勻後，先放入盤內襯底；豬腳起鍋後盛盤即可食用。

04

04

淑惠營養師的關鍵食材營養教室

01｜豬腳：取中醫以形補形概念，實際上豬腳膠原蛋白多，可提供作為骨基質，對骨骼關節修補有益，但因含脂高會影響三高，所以不能多量。

02｜乾香菇、黑木耳：都是維生素 D 豐富的食材，幫助食物中鈣、鎂的吸收與骨骼的硬化。

03｜小魚乾：豐富鈣質來源，30 克小魚乾就有 669mg 鈣，是每日建議量 111%。

04｜白莧菜：名列前茅的高鈣蔬菜，不但有鈣也提供鉀（可以降血壓）、鐵（可以參與造血），還有豐富維生素 A 可以護眼。

53
牛菲力白魚豆乳玉子

預防骨質疏鬆、增強肌肉

淑惠營養師的關鍵食材營養教室

牛肉、吻仔魚、雞蛋還有豆漿都是完全蛋白質食物，與肌肉建造息息相關。

01 | 菲力牛：整隻牛最嫩部位，蛋白質含量高，脂肪最少，沒有結締組織口感最好。

02 | 塔菇菜：也是鈣、鎂等礦物質豐富的蔬菜，有助增加骨骼強度，還有維生素 A，β- 胡蘿蔔素和葉酸。不僅幫助視力，黏膜完整，也幫助牙齒和骨骼的生長發育。

03 | 吻仔魚：滿滿的鈣質對骨骼有益，但鈉含量也高，對血壓有負擔，不宜多量。

這道菜是從江浙菜系的「西湖牛肉羹」轉化而來，我將之改良成「健康版的西湖牛肉羹」。除了用上好的菲力牛絞肉增加口感和營養之外，更利用無糖豆漿和蛋蒸煮成豆漿蒸蛋，不僅滋味更好，外觀也更漂亮。加上味道甘苦的塔菇菜，更襯托出其他健康食材味道的層次感。

食材

菲力牛絞肉……150 公克
塔菇菜……100 公克
魩仔魚……30 公克
無糖豆漿……150CC
雞蛋……4 顆
蔥花……20 公克
蔬菜高湯……150CC
南瓜……50 公克
紅蘿蔔……20 公克
鹽巴……少許
芝麻油……適量
蓮藕粉……少許
昆布醬油……少許

作法

01 南瓜切丁、紅蘿蔔切絲備用，蓮藕粉加入適量水和勻。

02 先將雞蛋及無糖豆漿加些許的鹽巴調味，過篩後倒入容器內，並加入魩仔魚蒸熟，呈蒸蛋狀。

03 牛絞肉放入鍋內，以麻油炒散、炒香，再加入南瓜丁續炒。接著撒點鹽、倒入蔬菜高湯、以醬油調味，加入切碎的塔菇菜和蔥花，用少許蓮藕粉水勾芡，煮成羹湯狀。

04 將煮好的牛絞肉羹淋上蒸好的豆漿蒸蛋上，再擺一些紅蘿蔔絲裝飾即可。

02

03

04

54
鮮蔬黃金魚排

養肌、修復筋骨

這道菜選用的鱸魚是深海鱸魚，肉質緊致卻不會乾澀，吃起來不會柴，口味清香。木瓜所含的酵素，不僅能夠突出鱸魚排和起司的味道，還能轉換鱸魚的風味，讓原本中式的感覺瞬間因為肉質的改變，以及起司的加入而成為西式的鱸魚排。俗稱手術魚的鱸魚是非常好修復筋骨的食材。

食材

食材	份量	食材	份量
深海鱸魚排	1片	薑泥	少許
綜合生菜	100公克	海鹽	少許
黃甜椒	30公克	胡椒	少許
紅甜椒	30公克	麵粉	少許
核桃	20公克	雞蛋	1顆
木瓜	30公克	起司粉	適量
辣醬油	適量	印加果油	適量

作法

01 紅黃甜椒切塊、木瓜切丁備用。

02 將魚排擦乾水份後撒上鹽巴及黑胡椒粉，沾上蛋液及麵粉後，下鍋煎至金黃酥脆。

03 將綜合生菜、紅黃甜椒放進沙拉碗中，加入辣醬油、薑泥、印加果油、鹽調味後，充分拌勻，最後放進木瓜。

04 魚排要起鍋前撒上些許的起司粉，盛盤再將拌好的生菜擺在魚排上，撒上核桃碎、滴上印加果油即可食用。

淑惠營養師的關鍵食材營養教室

01 | 鱸魚與雞蛋都是優質蛋白來源，特別是鱸魚的支鏈胺基酸含量特高（白胺酸有1630mg/100g）可以加速肌肉建造，傷口修復。

02 | 木瓜：豐富木瓜酵素能幫助食物蛋白質的消化，使得胺基酸的吸收、保留功能更好。還有豐富類胡蘿蔔素，滋潤細胞維護視力。維生素C和β-隱黃素有減緩類風溼性關節炎的發生，更有消腫、抗發炎功效。

55
金磚魚花芥藍

預防骨質疏鬆

淑惠營養師的關鍵食材營養教室

01｜芥蘭菜：十字花科的深綠色蔬菜，其中的蘿蔔硫素和異硫氰酸鹽都具抗癌性，被認為是抗癌好食物。但其實它也是高鈣食材（238mg/100g）且草酸含量低，因此鈣吸收會更好。還有維生素 B6 和葉酸會幫助蛋白質吸收、促進膠原蛋白形成。當與優質蛋白食物一起食用時對骨骼、肌肉都有滋養作用。

02｜蝦米：因為曬乾濃縮，因此有極高鈣量（1075mg/100g），本道菜 20 克蝦米約等同一杯牛奶鈣量。加上芥蘭菜、白芝麻、豆漿使鈣攝取量大大提升。

這道菜的設計能吃到旗魚、鯊魚等深海魚，以及鱸魚這種白身魚做成的魚絞肉和雞蛋豆腐所融合而成的特殊風味。另外芥藍菜和蝦米含有極豐富的鈣，讓本道菜的色、香、味和健康效果都達到上乘水準。

食材

食材	份量	食材	份量
芥藍	1 把	香菜	15 公克
深海魚絞肉	150 公克	地瓜粉	少許
雞蛋豆腐	1 塊	鹽巴	少許
蝦米	20 公克	醬油	適量
蒜頭	少許	芝麻油	適量
番茄	30 公克	白芝麻	少許
無糖豆漿	100 CC	葡萄籽油	適量

作法

01 蒜頭切碎、番茄切丁、芥藍燙熟後備用。

02 將雞蛋豆腐煎炸至金黃酥脆，與芥藍放置深盤內。

03 鍋內放入些許的葡萄籽油與芝麻油後加入蒜頭、蝦米及魚絞肉，炒香後再加入番茄丁與鹽、醬油調味，倒入豆漿煮滾，起鍋前將地瓜粉和水調勻後勾芡。

04 起鍋後將炒好的魚花放置雞蛋豆腐上方，撒上白芝麻、擺上香菜即可食用。

56
醬燒腐乳燴牛筋

補充膠原蛋白

這道菜是我是為了補充膠原蛋白設計的。主材料是牛筋，也特別利用紅白蘿蔔所含的酵素成分來軟化牛筋，使其軟軟QQ，並加上屬於發酵食且風味獨特的豆腐乳進來，讓本道菜充滿了你不曾嘗過的味道。

食材

紅蘿蔔……150公克
白蘿蔔……150公克
牛筋……300公克
乾香菇……2朵
豆腐乳……2塊
米酒……少許
鹽巴……少許
香菇素蠔油……適量
芝麻油……少許
葡萄籽油……適量
蒜頭……3瓣
香菜……適量

作法

01 乾香菇泡水後切絲；紅白蘿蔔切塊後燉煮軟爛，接著留蘿蔔高湯；牛筋汆燙，去除兩次髒水後，放入水中煮至柔軟備用。

02 鍋子內放入葡萄籽油後加入蒜頭、乾香菇絲炒香，再加入牛筋及紅白蘿蔔，並加入高湯、鹽、香菇素蠔油、米酒及豆腐乳一同煨煮。

03 起鍋後盛盤，放上香菜配色提味後即完成。

02

03

淑惠營養師的關鍵食材營養教室

01｜牛筋：蛋白質含量高可達 21.7%，且多為膠原蛋白，在以形補形的概念下，被認為可修補皮膚、關節和結締組織。但因為同時含有脂肪，所以勿過量，最好搭配蔬菜同食。

02｜豆腐乳：為豆腐的發酵品，因此一樣有大豆的蛋白質、鈣、鎂、鐵鋅等營養素。因為經微生物發酵過，所以可幫助同煮的肉類蛋白質提高消化分解，加上其特殊風味更能刺激食慾、開胃醒脾。但是含鈉量極高（3675mg/100g）所以使用量不能高。

57
黃金鍋燒拌飯

增肌減脂、改善肌少症

淑惠營養師的關鍵食材營養教室

01 | 胚芽米：保留胚芽的米類大大增加了維生素 B1 和維生素 E 的量，可以使熱量產出更順利，搭配運動更能達到消耗熱能的目的。

02 | 鮭魚和雞胸肉都是優質蛋白質來源，特別是雞胸肉低脂又多白胺酸等支鏈胺基酸，可以直接作用於肌肉建造上。

03 | 鮭魚和起司是少數含維生素 D 的食物，近年研究已知維生素 D 不但與骨骼相關，更在肌肉合成上扮演啟動角色，當與優質蛋白互搭時更能達到增肌減脂目的。

此道食譜的創作來源是日式鍋燒拌飯，而非韓式鍋燒拌飯。兩者差異最主要在於前者沒有泡菜，而且所選用的食材也都偏向日式。更棒的是，這些材料剛好都能夠達到增肌減脂的目的，因此促成了這道料理的出現。

食材

食材	份量	食材	份量
胚芽米	200 公克	蛋黃	1 顆
鮭魚	50 公克	海苔	2 片
雞胸肉	50 公克	雞骨高湯	適量
牛奶	適量	鹽	少許
青花菜	50 公克	胡椒	少許
紅甜椒	30 公克	芝麻油	少許
起司	4 片	昆布醬油	適量
松子	適量	葡萄籽油	適量

作法

01 用雞骨高湯將胚芽米煮熟，紅甜椒、鮭魚、雞胸肉切丁備用。

02 鍋內倒入葡萄籽油和芝麻油，炒香雞胸肉丁及鮭魚丁，再加入青花菜、紅甜椒丁，淋一點牛奶，並用昆布醬油、鹽、胡椒調味。

03 準備一個石鍋，溫熱後依序加入胚芽米飯及炒好的拌料。

04 在砂鍋內拌炒均勻後鋪上起司、放入蛋黃及海苔，蓋上鍋蓋微悶後即可食用。

03

04

58 高麗菜乾煨子排

補鈣、補維生素 D

這道菜其實做起來不難，算是一道非常實用的家常菜。不過要注意，要用高麗菜乾才行，因為菜乾是日曬之後的產物，多了吸收陽光精華而被逼出的維生素 D，能夠促進鈣質的吸收，新鮮高麗菜反而沒有這項優勢，這點很特別。

食材

食材	份量	食材	份量
高麗菜乾	150 公克	枸杞	適量
豬軟排	150 公克	蔥花	適量
乾香菇	4 朵	鹽	少許
小魚乾	30 公克	芝麻油	少許

作法

01 將豬排汆燙三分鐘後熬悶，煮成高湯備用。

02 將高麗菜乾、乾香菇泡水膨發後取出瀝乾；鍋內放入些許的芝麻油將香菇、小魚乾、高麗菜乾炒香。

03 再將豬軟排骨高湯、豬軟排沖入鍋內煮滾後加鹽調味，起鍋前加入蔥花即可。

淑惠營養師的關鍵食材營養教室

01｜高麗菜乾：高麗菜是含鈣的食物，經日曬後濃縮，在含鈣蔬菜中名列前茅（254mg/100g），對骨骼堅硬有益。

02｜豬軟排：因為帶著軟骨，因此不單吃到蛋白質，還有軟骨素、膠原蛋白、鈣、鎂等營養素都攝取到了。對關節、肌肉修復有幫助。但須注意宜挑選含脂肪較少部位。

03｜香菇提供維生素 D，魚乾增加鈣質，骨骼、關節需要的營養素都在此道料理中出現了。

59
健康藥膳咖哩雞

鬆弛筋骨、預防足底筋膜炎

淑惠營養師的關鍵食材營養教室

01 | 藥膳成分

續斷：補陽藥，用於活血續筋骨，關節腫痛時。

威靈仙 : 去風濕、通經絡，關節疼痛鎮靜用。

桑枝：去風濕藥，對於小關節有通絡、鎮痛、解熱效果。

骨碎補：補腎鎮痛、活血壯筋。可以抑制破骨細胞，刺激成骨細胞、減緩骨鬆。

02 | 咖哩粉、薑黃粉：咖哩粉成分中含有薑黃，提供薑黃素可抑制發炎，對退化性關節炎、足底筋膜炎的僵硬、疼痛有舒緩功效。

在創作新的美味健康料理時，最困難的就是如何找出食材的健康功效，同時兼顧味道的豐富性，這道菜就是最好的證明。因為有四味藥材的關係，所以我另外加入了起司、咖哩和薑黃等食材，不僅調和並加強了各方味道，還讓這些食材的功效成為複方的養生食療。

食材

紅蘿蔔……100g
山藥……100g
杏鮑菇……100 公克
黑木耳……50 公克
毛豆仁……80 公克
馬鈴薯……100 公克
藥膳高湯（續斷、威靈仙、桑枝、骨碎補）……1000cc
雞肉……300 公克
起司片……2 片
咖哩粉……適量
薑黃粉……適量
蒜頭……適量
蝦米……少許
青蔥……適量
鹽……少許
橄欖油……適量

作法

01 紅蘿蔔、杏鮑菇、山藥切塊；馬鈴薯打成泥備用。

02 將藥膳高湯加入咖哩粉、薑黃粉，用鹽調味滾煮，接著拌入馬鈴薯泥煮至濃稠狀。

03 另起一鍋，用橄欖油將雞肉煎至金黃，同時煸香蒜頭、蝦米，再將紅蘿蔔、山藥、杏鮑姑、黑木耳、毛豆仁放入鍋內微微炒香，再加入藥膳咖哩高湯慢火煨煮。

04 起鍋前加入起司片，撒上蔥末即可整鍋上桌。

03

03

60 潮汕爆椒蛤蜊魚柳

幫助肌肉鬆弛、改善坐骨神經痛

喜歡口感 Q 一點的就選鯊魚魚柳，或是旗魚、鱸魚都可以。另外，潮汕料理主要是加沙茶為主，在這裡放進來是要和糯米椒（一般所謂的「小青椒」）一起搭配，產生特別的香味及不同的色澤，能引起大家的食欲。

食材

食材	份量	食材	份量
旗魚柳或鯊魚魚柳	200 公克	辣椒	2 條
糯米椒（小青椒）	150 公克	沙茶醬	2 茶匙
蛤蜊	50 公克	香油	1 小匙
乾香菇	4 朵	蘋果泥	適量
木耳	30 公克	醬油	少許
蒜頭	4 瓣	米酒	1 小匙
紅蘿蔔片	適量	沙拉油	適量

作法

01 木耳切絲；蘋果磨泥；紅蘿蔔切片；乾香菇泡發後切絲；糯米椒放入鍋內用油煎炸，起鍋後泡入冰水備用。

02 乾香菇絲、木耳、紅蘿蔔放入鍋內與蒜頭炒香。再下蛤蜊、魚柳、辣椒，與醬油、米酒、蘋果泥一起翻炒。

03 最後加入糯米椒、沙茶醬快速翻炒，淋點香油即可起鍋盛盤。

02

03

淑惠營養師的關鍵食材營養教室

01 | 旗魚柳：含脂率非常低，蛋白質相對高，對組織建造、免疫調節有益。鎂量高可以使肌肉鬆弛，維生素 B 群（B2、B3、B6 和 B12）可以維持正常神經傳導，舒緩神經痛。

02 | 糯米椒：有辣椒香氣但不辣，維生素 C 含量特高（250mg/100g，是每日建議量 4 倍），可以幫助膠原蛋白合成，對椎間盤軟骨修復有益。

61
魷魚螺肉蒜薯粉煨白菜

預防心血管疾病、減重增肌

淑惠營養師的關鍵食材營養教室

01 | 紅薯粉：由紅蕃薯加工而成、類似冬粉的條狀物，因是全穀做成，因此膳食纖維含量不低，可以健腸、整胃、幫助通便，且因為會吸水膨脹，很容易有飽足感，對必須減重控制熱量者是很好的全穀選擇。

02 | 螺肉：典型高蛋白（20%）低脂肪（0.1%）高鎂（235mg）食物，對體重過重者，這是低熱量高蛋白的好食物，可以幫助增肌減脂。

03 | 大白菜：為冬天盛產蔬菜，可以入鍋也可以做成泡菜，因富含豐富膳食纖維，能增強腸胃蠕動、幫助廢棄毒素排出，也可以阻止膽固醇被吸收，對肥胖者、動脈硬化、膽囊疾病者都有益。

雖然魷魚、螺肉、蒜和大白菜是本料料理的主材料，但真正的健康關鍵其實是紅薯粉。它屬於全穀類，熱量低，吃了又很容易飽，所以可是想要減重、瘦身者最好的食材選擇之一。同時，還會吸湯汁，把食材美味都徹底融合起來，讓這道料理根本就可以說是天字第一號的「吃愈多，瘦愈多」的魔幻美味健康菜了。

食材

螺肉罐頭……1罐
紅薯粉……150公克
大白菜……150公克
紅甜椒……少許
青蒜苗……1隻
芝麻油……少許
乾魷魚……150公克

作法

01 大白菜、紅甜椒切絲；青蒜苗斜切絲；乾魷魚泡發後切花改刀成條狀備用。
02 將白菜絲、紅甜椒絲放入鍋內與芝麻油炒香。
03 加入螺肉罐頭、魷魚煮滾，再放進紅薯粉繼續煨煮。
04 起鍋後撒上青蒜苗，就是一道健康版的魷魚螺肉蒜。

62 韭花黑豆炒羊肉

補腎、強骨、抗衰老

韭菜、黑豆和羊肉，讓這道料理道非常滋補，另外加上大蒜、花椒粉、肉桂粉、米酒、雞骨高湯、黑芝麻油和黑芝麻粒這些佐料，使得整道料理不只味道非常香醇，口感更是非常濃厚，絕對一上桌就會令人食指大動。

食材

食材	份量	食材	份量
韭菜	150 公克	米酒	適量
黑豆	50 公克	雞骨高湯	適量
羊肉	250 公克	鹽	少許
地瓜	50 公克	黑芝麻油	適量
蒜頭	3 瓣	薄鹽醬油	少許
花椒粉	少許	枸杞	少許
肉桂粉	少許	黑芝麻粒	少許

作法

01 韭菜切丁；地瓜切丁後用水汆燙。

02 黑豆汆燙後，再加些許雞骨高湯及米酒燉煮至熟軟備用。

03 鍋內放入黑芝麻油煸香蒜頭，放入燙過的地瓜丁、煮好的黑豆及羊肉片快速拌炒，接著灑米酒，再用醬油、肉桂粉、花椒粉提味。最後放入適量的雞骨高湯潤鍋。

04 起鍋前加入韭菜丁、黑芝麻粒及枸杞快速翻炒，即可盛盤食用。

淑惠營養師的關鍵食材營養教室

羊肉、黑豆和韭菜都有補腎的作用，麻油則可以加速代謝和吸收，羊肉還具暖胃、健脾、補肺效果。

01｜韭菜：具有非常高的維生素 A（4760IU/100g）有助維持視力、強化黏膜、抗衰老。鈣、鐵並存，對骨骼造血有益處。

02｜黑豆：含豐富礦物質鈣、鎂，有助骨骼強壯、神經與肌肉正常傳導。高量鐵質幫助造血，鋅維持細胞複製再生，都有強身補益功效。特別是富含花青素，能抗氧化、抗老化，常保腦部年輕運作。

03｜羊肉：中醫認為羊肉性溫味甘，是滋補食材。營養上脂肪含量較高（14%），鐵和鋅也較高，是豬肉的 2 倍，被認為有補氣養血、改善血虛頭暈、畏寒怕冷等現象。

63
蔬果焗燒牛奶魚

提升體力、建造肌肉

淑惠營養師的關鍵食材營養教室

01 | 虱目魚（牛奶魚）、雞蛋、毛豆都是優質蛋白，是建造肌肉、提升體力的好來源。

02 | 運動後適當補充碳水化合物，蛋白質才能保留下來，並啟動肌肉建造。此道料理選擇地瓜（高纖根莖類）為醣類來源，能補足運動後消耗掉的肝醣。

03 | 牛奶、起司和菇類都能提供鈣質和維生素 D，不單增肌，亦強化骨骼。在運動後補充可達到靈活骨骼、增強肌肉的作用。

本道菜採用焗燒的方式料理，並放入起司，讓蔬果和虱目魚柳的風味能夠徹底融合，並達到增強體力和補充建造肌肉組織的目標。另外，這裡的「焗燒」是食材放入焗烤盅水蒸的意思，如此能讓食材特別入味。

食材

食材	份量	食材	份量
虱目魚	250 公克	海鹽	少許
番茄	1 顆	雞蛋	1 顆
地瓜	100 公克	薄鹽醬油	30cc
毛豆	50 公克	起司絲	80 公克
青椒	50 公克	牛奶	適量
綜合菇（鴻喜菇、雪白菇、杏鮑菇、香菇）	50 公克	綜合研磨胡椒	適量
		香菜碎	適量
蒜頭	少許	橄欖油	適量

作法

01 番茄切塊；地瓜切塊水煮後備用。

02 將虱目魚撒上些許的海鹽，放入鍋內煎至上色、淋上些許薄鹽醬油。

03 將水煮地瓜、切塊番茄、綜合菇、青椒、毛豆、蒜頭放入鍋中用橄欖油拌炒，打顆雞蛋、淋點牛奶，撒上鹽調味，再盛入焗烤盅，並將虱目魚放在最上方。

04 撒上起司絲後蓋上鍋蓋，悶煮約 3 分鐘即可開蓋，撒上綜合香料胡椒、香菜即可食用。

02

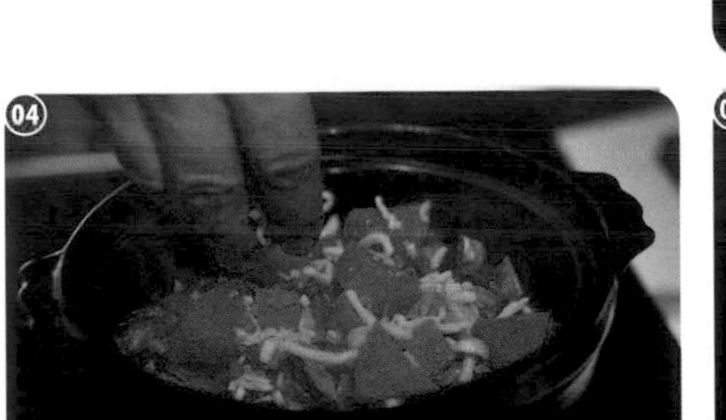
04

03

64
唐辛子山藥雞球

抗發炎

這道菜是受到日式明太子啟發而來。加入南非國寶茶和薄鹽醬油這兩個食材，和辣椒粉融合成鮮、鹹、香「三味一體」的新滋味。

食材

食材	份量	食材	份量
土雞肉	250 公克	薄鹽醬油	適量
山藥	50 公克	生薑黃	3 片
紅甜椒	30 公克	橄欖油	適量
黃甜椒	30 公克	麵粉	少許
洋蔥	半顆	核桃	適量
香菇	2 朵	南非國寶茶高湯	適量
胡椒	少許	香菜	適量
辣椒粉	少許		

作法

01 香菇、紅黃甜椒、洋蔥、山藥切塊備用。

02 將土雞肉切成塊狀，沾些許的麵粉後放入鍋內煎至定型成雞球狀，再放入薑黃、胡椒炒香。

03 放入洋蔥、香菇、紅黃甜椒、山藥續炒，並用薄鹽醬油調味，再倒入適量南非國寶茶高湯拌炒，起鍋前撒上辣椒粉。

04 起鍋後盛盤，撒上核桃及香菜後即可食用。

淑惠營養師的關鍵食材營養教室

01 | 唐辛子（辣椒粉）：辣椒素為辣椒辛辣味的來源，可以促進血液循環、提高新陳代謝速率，有抗發炎、抗氧化功效。

02 | 洋蔥：含木犀草素和槲皮素，能緩解過敏、發炎的不適症狀。

03 | 甜椒：含多種植化素（茄紅素、槲皮素、楊梅素、β—胡蘿蔔素）和維生素 C，抗氧化性強，能照護肌膚、降低身體發炎作用。

65
雙薑燒鮭魚

抗發炎

淑惠營養師的關鍵食材營養教室

01 | 老薑：薑辣素能有效抑制一氧化氮成為破壞力的強自由基，能保護心血管，薑烯酚強，具抗氧化力，可降低發炎反應進行。

02 | 薑黃：薑黃素可以清除自由基，保護細胞、減少受損，並活化體內抗氧化酵素，延緩老化、減少發炎。

03 | 綠茶：兒茶素抗氧化力之強並不輸維生素 C，可以抑制細菌或病毒在細胞上附著，避免感染發炎。

薑是優良的抗發炎食材，薑黃也是，同時還能增色，和本道料理的主食材鮭魚在功效上不但可以產生協同作用，黃色、粉色在配色上又特別顯眼。所以，如果沒有這兩大薑類食材的加入，這道料理的風味、營養價值和配色，都會遜色不少。

食材

食材	份量	食材	份量
木耳	100 公克	薑泥	10 公克
青椒	50 公克	薑黃	少許
鮭魚	200 公克	米酒	少許
洋蔥	30 公克	香菇醬油	適量
紅蘿蔔	30 公克	綠茶高湯	適量
蔥	1 支	橄欖油	適量
蒜頭	2 瓣		

作法

01 鮭魚切塊；木耳切片；青椒、洋蔥、紅蘿蔔切絲備用。

02 將鮭魚放入鍋內用橄欖油煎炒香，再放入木耳、洋蔥、青椒一同拌炒均勻，接著加入薑黃、香菇醬油、米酒調味，呈紅燒的顏色。

03 即將起鍋前加入薑泥調味，使薑香味四溢，擺上蔥花、紅蘿蔔絲即可上菜。

66
長豆松子肉末

抗發炎

這道料理是打拋豬肉的健康改良版。用好的蛋白質長豆之外，還用了黑白芝麻、松子和葡萄籽油等諸多好油脂，營養非常豐富。大家肯定都可以想像得到端上桌時那股香氣如何誘人了！雖然這道菜非常好下飯，不過還是要提醒大家，除了飯量要注意以外，還可以用糙米飯或是雜糧飯取代白米飯，更添健康元素。

食材

油菜	100 公克	黑白芝麻	少許
梅花豬肉	150 公克	昆布醬油	少許
松子	30 公克	蒜頭	3 瓣
長豆	100 公克	芝麻油	少許
雞蛋	1 顆	葡萄籽油	適量
紅蘿蔔	40 公克	白胡椒	少許

作法

01 梅花豬肉、油菜、長豆、紅蘿蔔切丁備用。

02 鍋內放入葡萄籽油，將雞蛋打散後入鍋不斷攪拌至蛋炒熟，加入梅花豬肉丁炒至變色，接著下長豆丁、紅蘿蔔丁，加昆布醬油、白胡椒調味，同時翻炒均勻，炒出醬色。

03 接著放入松子，至松子油被逼出後，加入油菜丁翻炒，讓蔬菜融合肉汁香味。

04 起鍋後盛盤，淋芝麻油後撒上黑白芝麻即可食用。

淑惠營養師的關鍵食材營養教室

01 | 油菜：別名小松菜，屬十字花科，有異硫氰酸鹽和蘿蔔硫素，能誘發肝臟解毒酵素系統，促進排毒、降低發炎現象。

02 | 長豆：俗稱菜豆，纖維高，能幫助腸道清毒，蛋白質和維生素 B 群都比一般葉菜來的多，可以促進新陳代謝、消除疲勞。

03 | 松子：有長壽果之稱，含 70％油脂，其中以亞麻油酸、次亞麻油酸為主，是提供必須脂肪酸的好來源，可以更新細胞膜、加強腦細胞和神經細胞的修復與傳導，有利於生長發育、健腦益智。也有鈣、鎂、鐵、鋅和硒等礦物質，扮演輔因子，促進細胞正常分裂、抗衰老、增強體力。

67 茶湯鮭魚煨蔬果

預防胰臟發炎

淑惠營養師的關鍵食材營養教室

01｜鮭魚：想要避免胰臟發炎，就不要攝取太多精緻糖、油質加重胰臟負擔，鮭魚是富含 ω-3 脂肪酸魚種，可以減輕胰臟發炎。

02｜杏鮑菇：質地柔軟、富含膳食纖維，特別是含有可溶性纖維，可以在腸道吸附油脂、毒素，進而降低肝膽、胰臟等消化器官的負擔，避免發炎。

03｜紅藜麥：富含花青素、甜菜苷等強抗氧化性植化素，具有緩解慢性發炎功效，加上是低 GI 穀類，不會過度刺激胰島素分泌，相對對胰臟負擔輕。

04｜選用綠茶高湯，意在兒茶素可強化胰島素作用，讓細胞利用血糖，緩和血糖上升，使胰臟運作順暢。

這道料理從鮭魚茶泡飯的概念而來，只是飯改由紅藜麥替代。整道菜充滿了清香的氣息，不止有鮭魚和茶湯的味道，還有南瓜、紅蘿蔔、芹菜以及青花菜合成的蔬菜甜味，加上杏鮑菇獨特的香味摻雜其中，就成為了一道引人垂涎三尺的美味養生料理。

食材

南瓜	100 公克
紅蘿蔔	100 公克
芹菜	20 公克
杏鮑菇	50 公克
鮭魚	150 公克
地瓜	100 公克
藜麥	100 公克
綠茶高湯	適量
青花菜	100 公克
蒜頭	3 瓣
香菇素蠔油	適量
芝麻油	少許
大豆沙拉油	適量
鹽	少許

作法

01 南瓜、地瓜、紅蘿蔔、杏鮑菇、鮭魚切塊，芹菜切段，青花菜汆燙備用。

02 鍋內倒入大豆沙拉油與芝麻油，加蒜頭爆香，放入鮭魚丁煎至酥香，逼出魚的油脂，再陸續放入杏鮑菇、南瓜、地瓜、紅蘿蔔，接著撒入紅藜麥，拌炒均勻。

03 倒入綠茶高湯悶煮，用香菇素蠔油、鹽調味，盡量不翻動保持食材的形狀。

04 淋上芝麻油，放入青花菜，撒上芹菜盤飾即可食用。

03

04

68
鮮魚柳番茄炒蛋

消痘消炎

這道料理大家一看就知道是從番茄炒蛋進化而來。除了有一般番茄炒蛋的滑嫩口感之外，更添加了新鮮的虱目魚柳以及燕麥片，讓整道料理的味道多了一股鮮甜感，使得層次更多元、豐富之外，消炎、消痘的功效也更好。

食材

食材	份量
虱目魚柳	150 公克
紅心番茄	2 顆
青花菜丁	80 公克
核桃	5 公克
雞蛋	2 顆
毛豆仁	少許
燕麥片	適量
香菜	適量
鹽巴	少許
橄欖油	適量
綠茶蔬菜高湯	適量

作法

01 番茄、青花菜切丁備用。

02 將魚柳放入鍋內，與橄欖油一同煎炒至香味四溢。

03 將番茄丁放入後炒至糊化，再加入毛豆仁、綠茶高湯、鹽及雞蛋拌炒至熟成。

04 起鍋前加入花椰菜丁及香菜拌炒均勻，盛盤後撒上燕麥片及核桃即可食用。

02

04

03

淑惠營養師的關鍵食材營養教室

01 | 虱目魚柳：因有豐富菸鹼酸（維生素 B3），可避免皮膚炎發生，也因有足夠必需胺基酸，可以促使皮膚重新修復。

02 | 紅心番茄：比起一般黑柿番茄或牛番茄，含有更多茄紅素與 β- 胡蘿蔔素，若作用於皮膚黏膜上，能保持皮膚濕潤、減少老化。

69 鮮蝦咖哩煲

提升身體免疫力

淑惠營養師的關鍵食材營養教室

01｜鮮蝦：含有高量鋅可幫助細胞 DAN 正常複製，特別有助提升壽命較短的細胞（白血球、T 細胞等）分化和增生，對免疫力平衡有益。還含有牛磺酸，可以中和白血球釋出毒素、保護白血球壽命、拉高免疫力。

02｜洋蔥：含硫化合物有助肝臟解毒，槲皮素會參與自由基清除，有助減低發炎、提升免疫力。

03｜紫蘇葉：含鐵極高，可以改善貧血，提升營養狀態。含揮發油（紫蘇醛、薄荷醇）可促進循環、散盡寒氣。含維生素 A，能強化黏膜、提升抵抗力、減少病菌入侵。

這道料理加入了紫蘇葉、咖哩粉和薑黃等三種味道特殊的配料，使得整道菜的香氣突出，另外在視覺上呈現紅、黃、白三種顏色，同時放入砂鍋做成煲湯，更是美味，可說是色、香、味俱全。

食材

鮮蝦	600 公克	乾燥紫蘇葉	10 公克
白花菜泥	150 公克	咖哩粉	2 匙
洋蔥	半顆	薑黃粉	1 匙
番茄	1 顆	鹽巴	少許
青蔥	2 支	昆布醬油	適量
蒜頭	3 瓣	研磨胡椒	少許
紅甜椒	10 公克	苦茶油	適量
蔬菜高湯	適量		

作法

01 洋蔥、紅甜椒切丁；青蔥切成蔥花；白花椰菜打成泥備用。

02 砂鍋內放入些許的苦茶油，加入洋蔥、番茄丁、蒜頭拌炒均勻，再加入紫蘇葉熬煮成的蔬菜高湯、咖哩粉、薑黃粉、白花菜泥等食材熬煮至濃稠狀。

03 另起一個平底鍋，放入些許的橄欖油，將蝦子放入鍋內，並撒上些許的鹽巴煎至熟成。

04 將煎好的蝦子放入砂鍋內微煮入味，接著擺上蔥花及紅甜椒丁，撒上研磨胡椒粉即可整鍋上菜。

02

04

70
黑蒜海魚起司滑蛋

增強元氣防疫料理

這原本是一道地中海式的健康料理，加入的黑蒜則是華人常吃的健康食品，再加上印度的咖哩粉和智利的印加果油，讓這道料理組合起來像是料理版的聯合國。在義式風格之外，黑蒜的甜味、咖哩的微辣和印加果油的清新感完美融合，一口咬下就將世界的養生精華放入嘴中！

食材

食材	份量	食材	份量
鯛魚	250 公克	雞高湯	適量
黑蒜頭	4 瓣	起司絲	30 公克
番茄丁	50 公克	印加果油	適量
香菇	2 朵	鹽巴	少許
雞蛋	3 粒	黑胡椒	少許
蔥花	少許	義大利綜合香料	適量
咖哩粉	適量		

作法

01 番茄、鯛魚、香菇切丁，黑蒜頭切碎備用。

02 將鯛魚丁、香菇丁及黑蒜頭碎、咖哩粉放入鍋內，用印加果油炒香。

03 蛋液裡加入高湯、起司絲，充分拌勻後倒入鍋內，用鹽調味後，與其他食材一同翻炒成滑蛋狀。

04 起鍋後撒入蔥花、義大利綜合香料及黑胡椒即可。

02

03

04

淑惠營養師的關鍵食材營養教室

01｜黑蒜：大蒜經恆溫發酵，糖份和胺基酸產生「褐變反應」，因此轉為黑色，原本的辛辣味也轉成微甜味。蛋白質經分解轉為各種胺基酸，吸收率得以增加。菸鹼酸也增量，可以提升代謝、維持元氣。還釋放出「S—烯丙基半胱氨酸」，能活化體內免疫系統、提高防禦力。

02｜海鯛魚：低脂肪、高蛋白，含有豐富維生素 B 群，能維持神經和循環系統運作，有助消除疲勞、恢復元氣。

03｜雞蛋：是所有優質蛋白質食物中有最高消化吸收率者，同時提供卵磷脂、維生素 A、D、E、B2、B6、泛酸、葉酸等，也有鐵、鋅等礦物質，還有葉黃素、玉米黃素等護眼植化素，是營養密度極高的食物，善用它有助提高自身免疫調節力。

71
乾燒雞佐薄荷香菇露

抑制病毒、提升免疫力、防疫

淑惠營養師的關鍵食材營養教室

01 | 薄荷：辛涼解表藥，含薄荷醇、薄荷酮等揮發油，具有消炎、鎮痛、健胃、祛風、止癢效果。

02 | 香菇：香菇多醣可刺激人體產生干擾素，抑制病毒生長，也提高自然殺手細胞活性、增加天然抵抗力。

這道料理加了薄荷，讓原本中式的風格轉變為中西合璧的新型養生料理，再加上薄荷的清香與香菇的清甜，替雞腿等其他食材添加了甜香味，不僅更有營養，也為本道料理的食用價值大大加分了。

食材

雞腿肉..........2支
紅甜椒.....25公克
黃甜椒.....25公克
薄荷葉.........適量
鹽巴............少許
胡椒............少許
乾香菇..........2朵
昆布醬油......適量
蔬菜高湯......適量
味醂............少許
橄欖油.........適量

作法

01 乾香菇用水泡發後切碎，紅黃甜椒切丁後備用。

02 雞腿肉內側劃刀，撒上些許胡椒及鹽巴輕醃漬，放入鍋內用橄欖油煎至金黃酥脆取出備用。

03 鍋內放入乾香菇碎，炒香後加入蔬菜高湯、昆布醬油、味醂熬煮成醬汁，再加入紅黃甜椒微煮後起鍋。

04 雞腿肉盛盤，淋上香菇醬汁，再擺上紅黃甜椒及薄荷葉後即可上菜。

72 參棗煨雞肉片

強化身體防護力

我每次吃肉羹湯時都會想應該來研發一道有羹湯感覺卻沒有羹湯負擔的新式羹湯養生料理，這一道料理就是根據這個理念研發而成的。用雞肉片和木薯粉混和製造出肉羹的口感，再加上其他材料調成羹湯的感覺，並融入中藥材，就成為一道全新的養生美味菜。

食材

食材	份量	食材	份量
雞肉片	300 公克	白朮	5 公克
木薯粉	適量	鹽巴	少許
人參	10 公克	醬油	適量
紅棗	6 顆	蔬菜高湯	適量
枸杞	10 公克	芝麻油	適量
黃耆	5 公克	香菜	少許

作法

01 雞肉片與鹽巴、醬油抓醃後均勻裹上木薯粉，放入滾水汆燙起鍋。

02 蔬菜高湯內加入人參、紅棗、黃耆、白朮、枸杞等中藥材煮滾，再放入雞肉片大火煨煮收汁。

03 起鍋後淋上芝麻油、撒上香菜碎即可食用。

02

03

淑惠營養師的關鍵食材營養教室

此道料理使用三種中藥，針對不同臟器進行調補：人參補腎氣、白朮補脾胃氣、黃耆補肺氣，使得肝腎、腸胃與呼吸系統都能補足能量運作正常，自然防護力就提升。

01｜紅棗：健脾安神。

02｜枸杞：補腎明目，輔助之用。

03｜一般調補藥膳選用雞肉較多，因雞肉味甘性溫，有健脾胃養五臟功效，適合助陽補虛、病後調養食用。

73
太極蒜頭蛤蜊雞湯

恢復、增加元氣

淑惠營養師的關鍵食材營養教室

本料理取名太極，乃一般土雞加烏骨雞，一般蒜頭加黑蒜。蒜頭中的蒜素能預防心血管疾病，加入蛤蜊後，低卡又美味，補冬不補肉。

01 | 黑白蒜頭：白蒜香氣足，黑蒜糖化味甜美，二者相輔相成。大蒜含硫化物（alliin），可以提高維生素 B1 吸收率、提振精神、增強活力。黑蒜的多種胺基酸和菸鹼酸則幫助代謝、恢復體力。

02 | 藥膳調補常須視體質選擇食材，因為當歸、蒜頭都是偏燥熱性，因此選蛤蜊這種偏涼性食材，能稍微平衡、調整補性，就適合一般人食用了。

這道料理最特別的是利用「顏色料理」，配合太極與五行生剋的原理，以烏骨雞和黑蒜頭的黑，以及土雞和蒜頭的白，造成視覺上的強烈對比，更利用食材的營養素，針對性地設計出這一道味鮮湯美又非常滋補元氣的創新健康菜。當時在健康 2.0 播出時，創下了新的收視率高峰。

食材

食材	份量	食材	份量
土雞	300 公克	蔥花	適量
烏骨雞	300 公克	當歸	2 片
蒜頭	15 瓣	鹽	少許
黑蒜頭	15 顆	米酒	1 大碗
蛤蜊	1 斤	蔬菜高湯	適量
薑	5 片	芝麻油	適量

作法

01 土雞和烏骨雞分別汆燙後洗淨備用。

02 鍋內倒入芝麻油後放入蒜頭、薑片微微炒香，將土雞肉放入鍋內拌炒至聞到香味後，再下烏骨雞續炒、嗆米酒、撒鹽調味。

03 飄出酒香味後，放入黑蒜頭，再加蔬菜高湯、當歸熬煮至雞肉入味軟化。起鍋前加入蛤蜊煮至開口即可，起鍋後加入蔥花提味。

74 麻香鮭魚春雨煲

吃了不累、改善失眠

麻香就是麻油的香味、香氣，春雨就是冬粉，再加上健康食材鮭魚，做成又濃又醇的煲湯，讓這道菜不只充滿了健康的香氣，更是前所未見的美味組合，同時還能抗疲勞、緩和失眠，真是一舉多得的好料理。

食材

鮭魚……300 公克
純綠豆冬粉…2 把
洋蔥……30 公克
芹菜……20 公克
蒜頭……4 瓣
番茄丁……30 公克
黑木耳……20 公克
紅蘿蔔……30 公克
乾香菇……20 公克
橄欖油……適量
薑片……30 公克
香菇素蠔油…適量
米酒……少許
鹽……少許
胡椒……少許
深海魚高湯…適量
胡麻油……適量

作法

01 洋蔥、木耳、紅蘿蔔切絲，番茄切丁，乾香菇用水泡發後切絲，純綠豆冬粉泡水備用。

02 先在平底鍋中加入胡麻油煸香薑片，再放入鮭魚丁煎熟。

03 煎鮭魚的同時，另一只砂鍋放入橄欖油，下洋蔥絲煸炒，再放紅蘿蔔絲、乾香菇絲、木耳絲、番茄丁、蒜頭拌炒。撒上胡椒粉，用香菇素蠔油、米酒調味，倒入深海魚高湯再放入純綠豆冬粉，所有材料翻炒均勻，冬粉煮至 Q 彈狀。

04 最後將煎熟的鮭魚連同麻油、薑片倒入冬粉鍋、撒上芹菜末，蓋上鍋蓋稍微悶熟即可。

淑惠營養師的關鍵食材營養教室

01 | 鮭魚：含有豐富的 ω-3 脂肪酸，能抗發炎，另含維生素 D，二者皆有穩定情緒、助眠的功效。

02 | 芹菜：因為高鉀、高纖，所以有清腸、利尿、降壓的功效，中醫觀點認其可清熱、除煩。另外含芹菜素，可抑制一氧化氮及前列腺素 E2 等發炎因子形成，因此有降發炎，舒緩情緒作用。

03 | 洋蔥的二烯丙基二硫有鎮靜、安眠功效，中醫方面則有舒肝理氣的效果。

75 起司泡菜豬肉石鍋飯

強化自律神經、去除慢性疲勞

淑惠營養師的關鍵食材營養教室

01 | 糙米：含豐富維生素 B 群，能增進代謝、維持神經傳導、消解憂鬱情緒。特別含有 GABA（γ一氨基丁酸），可以讓腦部舒緩，幫助入睡。還含有「木酚素」，類似植物性雌激素，可以緩解女性更年期的不適。

02 | 鮮蚵：從中醫觀點入心肝經，性涼味甘鹹，營養上含有豐富的維生素 B12、B6 和鋅，可以穩定神經、治療憂鬱、夜不眠、意不定。

03 | 起司：含有豐富的色胺酸，可以幫助腦部合成血清素、和緩情緒容易入睡。

04 | 菠菜：提供葉酸，能幫助色胺酸合成血清素，讓情緒更穩定。

這道菜是我個人非常喜愛而且經常吃的一道好料理。主因不僅僅好吃而已，更因為它內含諸多針對強化自律神經的營養素，對我這種每週需要創作 6 到 8 道食譜，迄今為止已經創作了一千多道美味健康料理的創作者和慢性疲勞者而言，是最需要的一道菜，推薦給大家。

食材

糙米……200 公克
鮮蚵……50 公克
豬肉片……100 公克
泡菜……30 公克
起司絲……20 公克
菠菜……50 公克
白豆乾……50 公克
番茄……1 顆
高麗菜……50 公克
芝麻油……適量
辣醬油……少許
白芝麻……少許
豚骨高湯……適量

作法

01 白豆干切丁；糙米先用豚骨高湯煮熟；菠菜、高麗菜、鮮蚵燙熟，冷卻後將菠菜切丁、高麗菜切絲備用。

02 準備一個石鍋，倒一點芝麻油，開最小火後依序加入糙米飯、高麗菜絲和菠菜丁，鋪平後蓋上鍋蓋，用小火煮。

03 另起一鍋倒入芝麻油，放入豆乾丁先炒出豆香味，再放豬肉片炒熟，下番茄丁後，淋一點高湯和辣醬油稍微燉煮，最後下泡菜拌炒均勻，等白豆乾吃到一點醬色，即可起鍋淋到石鍋拌飯上。

04 最後放上燙過的鮮蚵、起司絲，撒上白芝麻即完成。

76
蛤蜊煨炒松阪肉

防癌、不怕胖

松阪肉是這道料理的主食材，吃起來口感脆脆的，主要是因為松阪肉有一些細筋在嘴裡咬斷所形成的口感；但要注意，肉的外層還有一層薄膜要特別仔細剔除。另外蛤蜊的海味，以及富含鋅等微量元素，讓本道料理特別好吃也特別營養。

食材

蛤蜊	150 公克	薑片	4 片
松阪豬肉	150 公克	蒜頭	3 瓣
地瓜葉	150 公克	米酒	適量
乾香菇	3 朵	柴魚醬油	少許
金針菇	30 公克	鹽巴	少許
紅甜椒	30 公克	苦茶油	適量
南瓜	50 公克	芝麻油	適量
胡椒	少許	葵花子	10 公克

作法

01 南瓜、紅甜椒切塊；乾香菇泡水後切絲；地瓜葉燙熟後拌入少許的鹽巴及芝麻油裝盤備用。

02 鍋內放入苦茶油後加入香菇、薑片及蒜頭，一同與松阪肉及金針菇、南瓜、紅甜椒炒香，再加入柴魚醬油調味，下蛤蜊、嗆點米酒，煮至蛤蜊開口即可起鍋。

03 起鍋後放到地瓜葉上，並灑上葵花子即完成。

淑惠營養師的關鍵食材營養教室

01 | 地瓜葉：亞洲蔬果研究中心將地瓜葉列為地球十大抗氧化蔬菜，讓原本低調的鄉村路邊蔬菜一夕翻紅。主因其含多種抗氧化營養素：維生素 A、C，植化素的吲哚、楊梅素等都具有保護細胞預防癌病變功效，又有膳食纖維提供飽足，清腸排毒不發胖。

02 | 金針菇：大家常稱金針菇為「明天見」的食物，可見其膳食纖維豐富，不易消化，很快排出體外，特別因含有菇類甲殼素，會吸附脂肪排出體外，因此對減重者是好的蔬菜來源。

03 | 葵瓜子：提供微量元素鋅、硒。鋅幫助正常細胞分裂，減少癌變，硒是清除自由基酵素的輔因子，可以減少自由基、降低罹癌風險。還有必需脂肪酸—亞麻油酸可以降血脂、抑制膽固醇和防癌。

77
酪梨金瓜松子蝦仁

防癌

淑惠營養師的關鍵食材營養教室

01 | 南瓜：含有豐富的維生素 A，可以保護黏膜細胞，例如胰臟的胰管是黏膜細胞組成，需要抗氧化物質來保護，避免癌病變。此外維生素 B6 含量也高，有安定細胞、修復 DNA 的作用。

02 | 酪梨：雖是果實，但因富含油脂，所以在食物分類上被歸類在油脂堅果類，其所含油脂多是不飽和脂肪酸，對維護心血管、血壓有益，加上其他營養素（維生素 A、C、E）都是抗氧化營養素，可以清除自由基、減少發炎反應、對全身生理機能調節有幫助。近年研究指出酪梨萃取物還能抑制乳癌細胞增生，誘使癌細胞凋零，具有抗癌效果。

這道料理設計概念是溫沙拉的延伸，主軸就是吃好油防癌顧健康。因為酪梨不適於加熱，所以直接食用，另外松子油和芝麻油加上南瓜和蝦仁充分拌勻混和後，味道特別豐富，也非常容易吸收。

食材

酪梨……60 公克
南瓜……50 公克
松子……20 公克
蝦仁……150 公克
蒜頭……3 瓣
洋蔥……10 公克
番茄……20 公克
鹽……少許
研磨胡椒……少許
義大利綜合香料……適量
芝麻油……少許
昆布醬油……少許
香菜……適量

作法

01 洋蔥、番茄、酪梨切丁；將松子炒香後冷卻備用；南瓜切丁後先蒸過或用水煮熟。

02 鍋內放入芝麻油，冷油小火拌炒蒜頭及洋蔥，及至洋蔥呈半透明狀，再加入蝦仁，全程小火拌炒，並撒上黑胡椒、鹽調味。

03 待蝦子熟了，關火、放入番茄丁，利用鍋子的餘溫拌炒。

04 起鍋放入沙拉碗冷卻，將酪梨及水煮南瓜拌入，淋上昆布醬油，撒上松子及香菜後即可食用。

01

02

03

78
塔香蓮藕子排

排毒、防癌

由於蓮藕是非常好的排毒食材，同時還是屬於好的「抗性澱粉」，對減重有幫助；再加上能夠吸收子排的油分，兩者搭配非常理想，就成為本道料理的設計主軸。另外口感紮實的紫心地瓜，更是排毒、防癌的一大利器。

食材

蓮藕……150 公克
軟骨子排……150 公克
紫心地瓜……50 公克
蒜頭……8 瓣
青蔥……1 支
辣椒……2 條
薑……3 片
紅棗……8 顆
九層塔……適量
葡萄籽油……適量
米酒……1 大匙
醬油……少許
香菇素蠔油……適量
白芝麻油……適量
蓮藕粉……少許

作法

01 蓮藕切塊（片）煮軟；紫心地瓜煮熟切塊；排骨汆燙後清洗去除雜質；蓮藕粉加適量的水和勻。

02 備一個鍋子，倒入葡萄籽油後，下蔥、薑、蒜、辣椒爆香，後放入軟骨子排炒香，再下紅棗一同翻炒。

03 加入醬油、香菇素蠔油調味，再灑米酒，然後放進事先煮過的蓮藕繼續紅燒。淋上白芝麻油後，再放入紫心地瓜一同拌煮。最後用蓮藕粉水勾芡，微收汁起鍋倒入溫熱的砂鍋內，擺上九層塔後即可食用。

淑惠營養師

01 | 蓮藕：蓮藕古代又稱靈根、長壽菜，生食可以涼血潤燥、清熱、生津止渴，熟食可以健脾補血、養顏美容。其纖維質、維他命 C 含量高，同時含多酚類單寧，具抗氧化力，可抑制癌細胞生成。蓮藕絲為多醣成分，對免疫調節和抗癌的效果研究頗多。

01 | 紫心地瓜：日本將紫心地瓜列為抗癌蔬菜榜首，因其膳食纖維高、含有完全胺基酸種類，又有維生素 B1、維生素 A、C、礦物質鈣、鐵、鋅、硒和植化素（花青素），被認為可以預防許多慢性病，包括大腸直腸癌、肝臟疾病、心血管疾病、高血壓等。

—— 食材小教室 ——

挑蓮藕時，節較長的口感較脆，通常選做涼拌菜，節較短的口感較 Q，一般選做紅燒或燉煮。燙蓮藕時，以 200CC 的水兌 3CC 的糯米醋，煮 15 到 20 分鐘，可以防止蓮藕變黑。如果要做涼拌菜，可以切薄片後汆燙再泡冰水，會更加爽脆。

79
和風鯖魚佐柑橘醬

預防食道癌

淑惠營養師的關鍵食材營養教室

01 | 三寶柑：又稱檸檬柑，因具檸檬香氣果肉多汁，近年頗受歡迎。果肉富含維生素 C 可幫助修復黏膜，檸檬酸可以幫助代謝、消除疲勞。果皮有 β- 隱黃素，可以分解亞硝酸鹽致癌性，降低因常食用亞硝酸鹽加工品面臨的食道癌、胃癌威脅。

02 | 想預防食道癌，強化食道黏膜為首要，類胡蘿蔔素（維生素 A、茄紅素、β- 隱黃素，β- 胡蘿蔔素）可以強化黏膜，加速細胞 DAN 修復，對皮膚、眼睛、食道、呼吸道都有防癌作用。此料理中青椒、甜椒、南瓜、柑橘都是富含類胡蘿蔔素的食物，加上鯖魚豐富蛋白質，更能讓受損黏膜盡快修復。

這道料理的創作靈感來自日式的涼拌冷菜，味道好壞的關鍵之一在於醬汁的製作，所以特選三寶柑入味是最大特色。除了鯖魚要炒熟之外，其他食材都以涼拌處理，主要原因就是生食可以攝取到最大量的維生素 C 等營養素，對健康幫助最大。

食材

鯖魚……150 公克
洋蔥……30 公克
青椒……30 公克
南瓜……30 公克
紅甜椒……30 公克
三寶柑……1 顆
檸檬汁……少許
昆布醬油……適量
味醂……適量
鹽巴……少許
橄欖油……適量
柴魚絲……少許
黑芝麻……適量

作法

01 鯖魚切薄片；洋蔥、青椒、紅甜椒切絲備用。

02 首先將鯖魚片放入鍋內，用橄欖油煎至香酥脆，起鍋備用。

03 將洋蔥絲、紅甜椒絲、青椒絲洗淨後泡入冰水內冰鎮，使其爽脆，再加入三寶柑、檸檬汁、昆布醬油、味醂、鹽巴、橄欖油調成醬汁後，與鯖魚等食材拌勻。

04 盛盤後撒上黑芝麻及柴魚片即可食用。

80
海鮮干貝醬拌炒西蘭花

除染疫輕症、抗癌、提升免疫力

淑惠營養師的關鍵食材營養教室

微量元素鋅被研究證實可以縮短病毒停留黏膜時間，能有效抑制病毒複製、減輕症狀。而維生素D則可以有效降低感染和轉重症機率。此道料理選擇的香菇是提供維生素D的好來源。孔雀蛤、干貝、蝦則提供了鋅，同時也有優質蛋白質可以提升白血球、抗體的製造，能加速復原。

這道料理設計理念是從「炒三鮮」，也就是炒孔雀蛤、干貝和蝦仁三者而來，是其營養強化版。另外，西蘭花也就是青花菜，是標準的超級食物，因此這四者碰撞出來的健康火花自然相當非凡，成為防疫、抗癌先鋒軍。

食材

孔雀蛤	300 公克	雞蛋	1 顆
干貝	150 公克	地瓜粉	少許
蝦仁	150 公克	XO 干貝醬	1 匙
青花菜	150 公克	米酒	少許
乾香菇	30 公克	醬油	少許
紅甜椒	30 公克	胡椒	少許
蒜頭	3 瓣	橄欖油	適量
洋蔥	30 公克		

作法

01 洋蔥、紅甜椒切絲，乾香菇加水泡發後切絲；青花菜切成小朵燙熟備用。

02 干貝及蝦仁用雞蛋拌勻，再沾上些許的地瓜粉，放入鍋內用橄欖油煎香後取出。

03 鍋內加入蒜頭、洋蔥絲、乾香菇絲、紅甜椒、孔雀蛤等食材炒香，拌入煎過的干貝、蝦仁，接著用醬油、米酒、胡椒調味，最後放入 1 匙 XO 醬拌炒均勻。

04 起鍋盛盤，用燙過的青花菜裝飾，既美味又吸睛，更是一道宴客菜。

02

01

81
石鍋燒魚

防失智

在創作料理的時候，除了食材的選擇、搭配之外，鍋具的運用也是相當重要的一環。烹調魚肉比較麻煩的是，盛盤上桌後沒有立即食用的話，都容易變涼影響風味。還好，石鍋保溫性高，烹煮完食物熱度能夠維持很久，就沒有這個問題了。

食材

鯛魚……1 片
黑蒜頭……10 公克
香菇……5 公克
大白菜……50 公克
杏鮑菇……30 公克
蔥花……10 公克
香菜……少許
蔬菜高湯……適量
白芝麻油……適量
鹽巴……少許
米酒……少許
胡椒……少許
昆布醬油……少許

作法

01 香菇、杏鮑菇切絲後與大白菜放入石鍋內，用白芝麻油拌炒至香味四溢。

02 拌炒後的蔬菜中加入黑蒜頭、蔬菜高湯並用鹽、昆布醬油、胡椒、米酒調味，接著放入鯛魚、蓋上鍋蓋悶煮至熟成。

03 起鍋前撒上蔥花及香菜即可。

淑惠營養師的關鍵食材營養教室

01 | 預防失智的麥得飲食重點在減少飽和脂肪的攝取，最好以不飽和脂肪酸較多的魚類來取代紅肉。鯛魚就是低脂高蛋白食物，而且不飽和脂肪酸：飽和脂肪酸為 2.7：1.1。

02 | 另外麥得飲食強調大量各式蔬菜，不同蔬菜有不同植化素，都具有延緩細胞老化的功效。大蒜在發酵成為黑蒜後會釋放出 S- 烯丙基 -L- 半胱氨酸，此物質比起大蒜的蒜素有更強抗氧化力，對於保護血管、心臟、腦部都有助益。

82 鮭魚豆腐泥凱薩沙拉

補腦、抗老化

淑惠營養師的關鍵食材營養教室

01 | 麥得飲食建議少飽和脂肪，多不飽和脂肪酸，特別是 ω-3 脂肪酸，其可調降低密度脂蛋白，抑制血小板凝集，維持腦部好的循環，自然延緩失智發生，而鮭魚就是豐富 ω-3 脂肪酸的魚種。

02 | 麥得飲食另外強調多種顏色蔬果，青花菜（β- 胡蘿蔔素、蘿蔔硫素）、茄子（花青素、前花青素）、胡蘿蔔（β- 胡蘿蔔素、維生素 A）、甜椒（茄紅素、β- 隱黃素，維生素 C，B6）都代表有極強抗氧化力，保護腦部延緩老化。

03 | 藍莓：麥得飲食特別推薦莓果，因為富含維生素 C、多酚、前花青素等都有保護腦部細胞減少受自由基攻擊作用，因此可以保有較年輕腦袋，記憶力、學習力都能持久。

凱薩沙拉大家常吃，味道自然也很熟悉。但是，加入鮭魚豆腐泥的凱薩沙拉應該就沒吃過了，這也是這道料理的特殊處。鮭魚豆腐泥主要是作為醬汁的味道取代醃漬鯷魚，成為提味的主要來源。當然，鮭魚豆腐泥的健康功效才是這道料理的創意主要來源。

食材

鮭魚............150 公克
豆腐泥.........80 公克
青花菜.........30 公克
茄子.............30 公克
紅蘿蔔.........30 公克
紅甜椒.........30 公克
黃甜椒.........30 公克
藍莓.............10 公克
苜蓿芽............5 公克
核桃.................適量
印加果油..........適量
鹽巴.................少許
胡椒.................少許
芝麻油.............少許
辣醬油.............適量

作法

01 紅黃甜椒切塊；茄子、紅蘿蔔切塊煮熟；青花菜分成小朵燙熟。

02 鮭魚煎烤熟後搗碎，與豆腐泥充分攪拌，再用鹽、胡椒、辣醬油、芝麻油調味拌勻。

03 將紅黃甜椒、紅蘿蔔、茄子放入調理盆內，再加入鮭魚豆腐充分拌勻，接著滴入印加果油拌至入味。

04 將拌好的沙拉盛盤，用青花菜圍邊，放上苜蓿芽、核桃、藍莓即可食用。

02

03

04

83
香根白玉炒肉絲

補腦、排毒

香菜在一般料理都是做為添香加色等輔助作用，但在本道料理卻採用香菜根，和高麗菜嬰、青江菜苗三者一起成為主角之一。這些根、苗類蔬菜既香且脆，營養素含量又特別高，是非常優良的排毒食物。

食材

香菜根	60 公克	香油	適量
白蘿蔔	150 公克	胡椒粉	少許
高麗菜嬰	100 公克	地瓜粉	適量
青江菜苗	50 公克	蒜頭	6 瓣
豬後腿肉絲	150 公克	辣椒	1 條
醬油	1 茶匙	印加果油	適量

作法

01 香菜根切段後泡冰水，讓其充分活化後再撈起瀝乾水分。

02 高麗菜嬰、白蘿蔔、青江菜苗、辣椒切絲，蒜頭切碎，豬後腿肉絲用 1 茶匙醬油、適量香油、少許胡椒粉、適量地瓜粉抓醃。

03 鍋子倒入印加果油，放入抓醃過的肉絲後充分炒散，再拌入蒜頭碎繼續炒，接著加入蘿蔔絲炒到出水，再放入高麗菜嬰絲、青江菜絲繼續拌炒，最後放入香菜和辣椒絲。

04 因肉絲已抓醃過，整道菜不需再調味，起鍋後盛盤即可食用。

淑惠營養師的關鍵食材營養教室

01 | 香菜含有豐富礦物質、維生素，因其有吸附汞、鉛等重金屬功效，有地球上最強排毒蔬菜之稱，動物實驗證明食用香菜可以幫助排出大腦囤積的重金屬。

02 | 高麗菜、白蘿蔔、青江菜同屬十字花科，豐富異硫氰酸酯可以提高肝臟解毒功效，進而預防阿茲海默症。

03 | 此道料理食材皆屬高纖食物，不單幫助排毒，因為都是高鉀蔬菜，同時也是降血壓，減重的料理。

84
天麻烏骨雞湯

保護腦部、延緩失智

淑惠營養師的關鍵食材營養教室

01 | 烏骨雞：比起肉雞，脂肪少一點、蛋白質多一點，礦物質鈣、鐵、鋅也比較高。常被用在助陽補虛，養血生肌上。

02 | 天麻：熄風鎮靜藥，含天麻素可以降低血管阻力，增加腦部血流量，因此可鎮靜安神、提神醒腦，控制血壓。對於提高學習、或延緩失智有幫助。

烏骨雞和土雞（肉雞）相比，不僅僅口感比較鬆軟，容易入口，對老人家和小孩都非常好，同時味道也非常特殊，一吃難忘。再加上烏骨雞營養素比其他雞肉多，特別適合當作美味健康的食材來源。

食材

烏骨雞……半隻
天麻……50公克
當歸……1片
紅棗……8顆
枸杞……適量
苦茶油……少許
薑……3片
米酒……少許
雞骨頭……300公克
香菜……適量
鹽……少許

作法

01 先將天麻、當歸、紅棗等中藥材與雞骨頭燉煮1至2小時，熬成高湯後保溫備用。烏骨雞也先汆燙過。

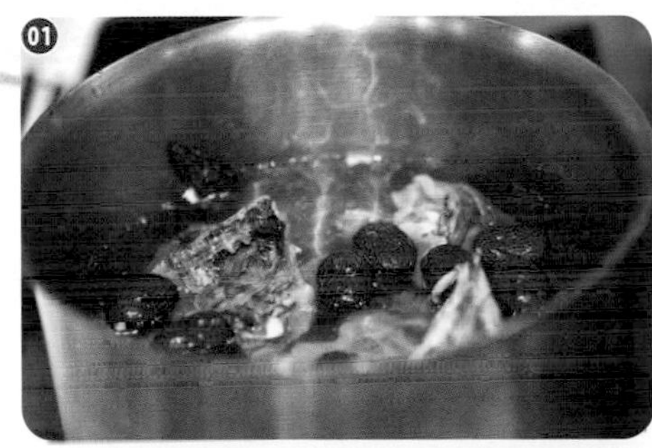

02 鍋中倒入苦茶油後煸香薑片，再下烏骨雞一同翻炒出香味，淋上米酒提味，再倒入中藥雞骨高湯一同熬煮。

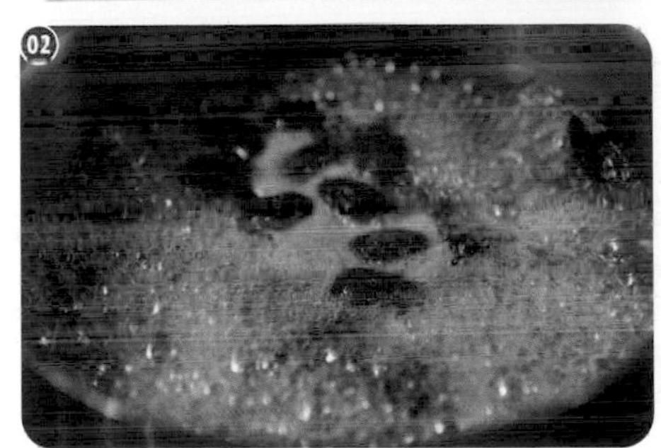

03 起鍋前撒入鹽巴、枸杞，放上香菜即是一道補腦的湯品。

85
茶香化骨秋刀魚

防癌、活化大腦

秋刀魚非常好吃且營養素豐富，但是刺很多，很多人都不願意啃，實在可惜。因此，特別以台灣特有的包種茶加入話梅等各種配料一起熬煮至味道都透入骨頭，使其軟化為止。如此一來，一整尾秋刀魚都美味可口，可以完整吃下肚，一點都不浪費；營養更是能夠完整吸收，超級美味、營養。

食材

食材	份量	食材	份量
秋刀魚	2 尾	話梅	3 粒
薑	5 片	昆布醬油	2 小匙
青蔥	1 支	糖	少許
包種茶葉（或紅茶）	5 公克	水	適量
青蔥	2 支	苦茶油	適量

作法

01 將包種茶葉用熱水泡開，取茶汁備用。

02 秋刀魚洗淨擦乾，鍋內放入少許油，先放入薑片及蔥稍微煸香，然後將秋刀魚表皮煎至稍微焦化。

03 倒入醬油，嗆出香味，加入茶葉汁和茶葉與秋刀魚一同熬煮，再放入話梅、糖提味，蓋上鍋蓋，小火煨煮約 3 小時至魚肉軟化、湯汁收乾，冷卻後即可食用。如果怕熬煮過久鍋底燒焦，可以先墊上竹葉。

淑惠營養師的關鍵食材營養教室

預防胰臟癌有三大關鍵營養素，一是不飽和脂肪酸，二是維生素 B 群，三是維生素 D，有調節免疫力和抑制腫瘤細胞形成的功能，秋刀魚就含有豐富的維生素 D。

特別是秋刀魚的 ω-3 脂肪酸有極高的 DHA（2543mg/100g）。可以透過大腦屏障直接進入腦部，維持腦部血管年輕化。

86
雞蓉蔬菜豆腐肉

防失智、腦退化

淑惠營養師的關鍵食材營養教室

預防失智的麥得飲食源自地中海飲食和得舒飲食。特點是減少飽和油脂，加入大量彩虹蔬果、堅果和莓果。此料理以板豆腐取代一部份動物性肉類，減少飽和油脂量。搭配胡蘿蔔（紅色）、南瓜（橙色）、青花菜（綠色）、黑芝麻（黑色）和豆腐雞蓉（白色）就形成台版麥得飲食餐（五行五色），對延緩失智有益。

這道料理主要從「瓜仔肉」脫胎而來。由於失智和腦退化患者大多是銀髮族的老人家居多，牙口普遍不好，如果沒有特別設計的菜色，往往不好進食，進而影響營養的吸收，對病情沒有幫助。於是，我們特別將麥得飲食中諸多防失智食材加進來，做成非常好咀嚼和下飯的瓜仔肉形式，讓老人家能夠好好進食，幫助吸收，達到預防和減緩退化的目的。

食材

雞胸絞肉	100 公克
豆腐	1 塊
紅蘿蔔泥	20 公克
蝦仁	60 公克
南瓜	20 公克
薄鹽醬油	少許
香油	少許
青花菜	適量
有機地瓜粉	少許
雞骨高湯	適量
黑芝麻	適量

作法

01 紅蘿蔔、南瓜切碎；青花菜燙熟後切成小朵後備用。

02 將雞胸絞肉、豆腐、雞蛋及地瓜粉拍打揉捏至黏稠狀。

03 將切碎的南瓜和紅蘿蔔拌入雞胸絞肉豆腐泥，再加入薄鹽醬油、香油，充分拌勻。將拌好的雞蓉蔬菜豆腐泥塑形成數個丸子狀，分裝進小容器內，並在每份丸子上方壓進數隻蝦仁。

04 連同小容器，將雞蓉豆腐丸子放進電鍋或蒸籠蒸約 10 分鐘，從蒸籠取出後，每份丸子放上一小朵青花菜，並灑上黑芝麻即可食用。

03

04

87 燕麥蝦仁花椰菜飯

預防失眠、提升睡眠品質、減重

這道菜飯和別的菜飯最大的不同就是利用蜂蜜增加了些許甜度，和一般鹹味菜飯的味道不太一樣；同時，還加入了青花菜和白花菜剁碎混和成的花菜泥，讓整道菜的顏色和口感變得不一樣；另外，更加入了橄欖油和義大式香料，成為一道中義合璧的健康佳餚。

食材

食材	份量	食材	份量
白花菜	100 公克	橄欖油	適量
青花菜	30 公克	鹽	少許
蝦仁	100 公克	核桃	適量
雞肉丁	60 公克	黑芝麻	適量
紅甜椒	少許	牛奶	適量
黃甜椒	少許	蜂蜜	少許
魩仔魚	30 公克	義大利綜合香料	少許
香蕉	30 公克	燕麥片	適量
蛋黃	1 顆		

作法

01 紅黃甜椒、香蕉切丁；白花菜燙熟後放入攪拌機，切碎成米粒狀；雞肉丁先用鹽抓過備用。

02 將蛋黃放入鍋內，用冷橄欖油快速拌炒至蛋黃花的狀態，再放入雞肉丁下鍋翻炒，接著陸續下魩仔魚、蝦仁、紅黃甜椒丁，待所有食材都半熟時，放入白花菜米，一同炒香。

03 依序放入鹽、牛奶，充分翻炒，在牛奶收汁的過程中，放入燙過切成小朵的青花菜，並撒上一層義大利綜合香料，關火後，放入香蕉、核桃，起鍋前撒上燕麥片、黑芝麻，淋上蜂蜜，迅速拌勻後即可食用。

淑惠營養師的關鍵食材營養教室

01｜以花椰菜取代米食，可以減輕熱量，增加膳食纖維和植化素的抗氧化排毒工作，會使身體代謝加速。

02｜吻仔魚有豐富鈣質；搭配香蕉、甜椒的鎂，可以使肌肉神經收縮放鬆達到平衡，對穩定自律神經有益。

03｜牛奶、香蕉和核桃的色胺酸，能提升腦部血清素合成，心情舒緩才能入睡。

04｜添加少量燕麥和蜂蜜，是因為當血糖恆定時色胺酸才能進入腦部運作，所以適量碳水化合物在助眠上是必要的。

88
茶香雞蓉發芽米飯

助眠、紓壓、改善血管硬化

淑惠營養師的關鍵食材營養教室

01 | 將糙米泡水 12 小時，中間需換水 4 到 5 次，這段催芽進行的過程將胚芽中的胺基酸轉換為 GABA（γ - 氨基丁酸），此是抑制中樞神經傳導的物質，可以消除大腦的過度興奮、緊張，幫助情緒舒緩安定入眠。

02 | 除了發芽米有 GABA 外，泡菜、味噌、納豆，紅麴等發酵食品，還有糙米、大豆、番茄、青花菜、豌豆、藜麥等也都有。

米飯中以營養價值來說，精白米營養素最少，糙米營養價值豐富，這道菜則選擇了營養含量比糙米高的發芽糙米——具備更多的GABA，作為主要的營養來源，就是因為這個物質的珍貴性和特殊性；另外，由於綠茶的加入，香味和營養素又更高了，不管是小孩還是老人家，絕對都可以吃得「刷嘴又滿意」。

食材

食材	份量
發芽糙米	150 公克
雞胸絞肉	80 公克
玉米粒	50 公克
蝦仁	50 公克
紅甜椒	少許
洋蔥	30 公克
芹菜	30 公克
鹽巴	少許
雞蛋	2 顆
昆布醬油	適量
柴魚高湯	適量
綠茶粉	適量
苦茶油	適量

作法

01 紅甜椒切丁；洋蔥切絲、芹菜切末備用；將發芽糙米煮好後放置深盤裡。

02 鍋內放入苦茶油，炒香洋蔥絲及雞胸絞肉，接著放進玉米粒、蝦仁、紅甜椒。

03 用鹽、昆布醬油調味並倒入柴魚高湯，煮到微微收汁，倒入蛋液，待蛋即將凝固時，撒上芹菜後起鍋，鋪在米飯上、撒上綠茶粉即可食用。

02

03

89
酒釀十穀虱目魚燕麥飯

一夜好眠

酒釀雖然是釀造物，但畢竟還是含有些許的酒精，所以對睡眠的幫助還蠻明顯的；另外加入十穀雜糧、燕麥，還有虱目魚，這幾樣鮮少搭配在一起的食材，取其共同產生的鮮味，和酒釀一起搭配成了本道料理的主味道。透過酒釀味中無法被忽視的虱目魚海味，讓大家在夢中再吃一次這道料理。

食材

食材	份量	食材	份量
酒釀	30 公克	木耳	30 公克
燕麥	100 公克	鹽巴	少許
雜糧米飯	200 公克	小魚高湯	適量
牛奶	300 CC	香菇醬油	適量
南瓜籽	適量	芝麻	少許
番茄	1 顆	芝麻油	少許
虱目魚柳	200 公克	青花菜	適量

作法

01 番茄去皮切丁；木耳切絲；青花菜汆燙備用。

02 將雜糧飯與燕麥、牛奶一同煮熟，起鍋後拌入南瓜籽及酒釀備用。

03 鍋內放入芝麻油後將虱目魚柳煎香，再放入番茄、木耳一同拌炒均匀，淋上小魚高湯，並用鹽、香菇醬油調味。

04 將雜糧米飯放入大碗內，再鋪上虱目魚炒料及青花菜，撒上些許白芝麻即可食用。

03

04

淑惠營養師的關鍵食材營養教室

01 | 酒釀：米經蒸煮、植菌發酵後在尚未成為米酒之前即食用。因此酒精含量極低，但營養成分澱粉和蛋白質因發酵已先分解成為單醣（葡萄糖）和胺基酸，小分子好吸收，再加上有維生素 B 群和礦物質鈉、鉀、鈣、鎂、鋅等，營養多元，日本醫界以「喝的點滴」來稱呼，代表其營養密度高又能快速吸收。天冷時期食用酒釀可以活血暖身，幫助入睡。

02 | 十穀燕麥飯：採用全穀，保留外殼和胚芽，表示提供多量維生素 B1 可維持正常神經傳導，加上用牛奶煮過，牛奶中含有豐富鈣、鎂能協同肌肉神經正常運作，使自律神經更能平衡，一夜好眠。

90
和風蒲燒紅豆飯

除濕氣、降血壓、紓壓、安神

淑惠營養師的關鍵食材營養教室

01 | 雜糧：五穀雜糧提供很多膳食纖維，包含可溶性和不可溶性纖維，幫助腸道蠕動、調降血脂，維生素 E 能抗氧化、保護細胞膜延緩老化。

02 | 紅豆：豐富的維生素 B 群幫助熱量產出、提高新陳代謝速率，若用來取代部分米食有益控制熱量，多量的膳食纖維和鉀量有助過多水分排出。鐵質有助紅血球製造，有補血養心之功。維生素 B6 促進血清素合成，能常保愉悅心情。

紅豆飯和湯圓雖然一般都是吃甜味，但是本道料理反其道而行，除了搭配蒲燒鰻，還有蔬菜高湯和照燒醬等調味，呈現了滿滿日式風味，再加上雜糧飯和毛豆，讓去濕和安神等功效發揮得更好。

食材

食材	份量	食材	份量
雜糧飯	300 公克	木耳	30 公克
紅豆	50 公克	杏仁片	30 公克
蒲燒鰻	200 公克	青蔥花	10 公克
毛豆	30 公克	昆布醬油	適量
南瓜	30 公克	蔬菜高湯	少許
紅白小湯圓	50 公克	芝麻油	少許
蛋皮絲	50 公克	照燒醬	適量

作法

01 南瓜切丁後與毛豆一同水煮；雞蛋煎成蛋皮，切絲；紅白小湯圓用滾水煮熟；木耳切絲，用昆布醬油炒過；紅豆先泡水。

02 將雜糧飯與紅豆、南瓜用蔬菜高湯煮熟，加入芝麻油與水煮毛豆拌勻放入大碗內。

03 雜糧飯鋪上蒲燒鰻魚塊、紅白小湯圓、蛋皮絲、木耳絲、杏仁片。

04 最後淋上些許照燒醬與青蔥花後即可食用。

02

03

04

91
潮汕羊肉胡麻粥

顧腎、紓壓、安神入睡

這是羊肉和黑色料理共同顧腎的又一道示範，此外，還能舒壓、安神入睡，真是一兼二顧。另外，煮成粥是為了讓牙口不好的老人家和小朋友也能好好享受與吸收這道料理。

食材

羊肉片	200 公克	枸杞	適量
白粥一鍋	300 公克	沙茶	2 匙
紫米	50 公克	芝麻油	適量
黑芝麻粉	30 公克	米酒	適量
黑木耳	20 公克	鹽巴	少許
蒜頭	15 公克	花椒粉	適量
韭菜	40 公克		

作法

01 黑木耳切絲、韭菜切丁備用。

02 將白粥與紫米熬煮在一起，加入黑芝麻粉、枸杞，接著放入砂鍋內保溫備用。

03 將蒜頭及羊肉片放入鍋內，使用芝麻油拌炒，再放入黑木耳絲，並用鹽、沙茶、米酒、花椒粉調味。

04 將炒好的羊肉放入砂鍋內煮好的粥裡，拌勻後撒上韭菜丁，微悶煮後即可整鍋上桌。

淑惠營養師的關鍵食材營養教室

01 | 紫米：豐富維生素 B1，能維持神經正常傳導，維生素 E 能促進血液循環，溫熱身體，鎂可放鬆肌肉、安穩情緒、幫助入眠。

02 | 黑芝麻：除為油脂來源外，供應維生素 B6 能促使血清素合成，讓心情愉悅。鐵質能幫助造血、運送氧氣到全身細胞，鋅促使 T 細胞分化，提升免疫力。

92
干貝醬雙鮮佐彩椒

避免眼睛老化

這道料理的創意來源是從「炒雙鮮」而來。在雙鮮之外還加入了青花菜和甜椒等食材做為味道和配色的主要元素，再加上 XO 干貝醬，讓整道料理在鮮味和蔬菜味之外，更添加了能夠刺激味蕾的香滑味。不僅非常美味健康，如果要當作一道家常宴客菜來款待親朋好友，更是非常適宜。

食材

干貝	200 公克
白蝦仁	200 公克
蛋黃	1 顆
青花菜	100 公克
紅甜椒	30 公克
黃甜椒	30 公克
洋蔥	80 公克
南瓜	30 公克
鹽	少許
黑胡椒	適量
橄欖油	1 茶匙
XO 干貝醬	適量
米酒	少許

作法

01 紅黃椒、洋蔥切絲；青花菜切小朵，南瓜切丁，用水燙熟；干貝、白蝦仁拌入蛋黃撒點鹽和胡椒後備用。

02 準備一個鍋子放入橄欖油，微熱油後放入干貝、白蝦仁，雙面煎炒至上色後淋上些許的米酒。

03 待水份收汁後，將洋蔥、紅黃甜椒、南瓜放入鍋內拌炒均勻，加鹽、胡椒後起鍋，用青花菜圍邊當盤飾即可上菜。

淑惠營養師的關鍵食材營養教室

01 | 照護眼睛需要的營養素有維生素 A，能幫助視紫質形成、產生影像。蛋黃和青花菜就有豐富維生素 A

02 | 葉黃素、玉米黃素可以保護黃斑部，減少藍光傷害。紅黃甜椒、南瓜就是代表食物。

03 | 蛋白質、鋅：視覺形成需靠維生素 A 和蛋白質之間的化學結構轉換，鋅扮演輔助因子。因此同時有優質蛋白質也有鋅的貝類、蝦就是好選擇

04 | 槲皮素：洋蔥是含槲皮素最多蔬菜，強抗氧化性清除自由基，可以保護水晶體，預防白內障，維持眼睛血液循環、保持良好視力。

93 元氣石鍋蛤蜊

預防眼中風

淑惠營養師的關鍵食材營養教室

01 | 白蔘（原蔘曬乾而成）：補氣皂苷素沒有紅蔘多。調補元氣用。

02 | 茯苓（利水滲濕，健脾補中）、白朮（補脾益氣，利水除溼）、石斛（解熱生津，止渴止嘔）玉竹（養陰潤躁，強心滋補）、生地（清熱涼血）、雞血藤（行血通脈）搭配的藥膳有活血，清熱、降壓作用，維持眼睛正常血循，避免眼中風。

03 | 食材中胡蘿蔔、花椰菜和枸杞都是豐富 β-胡蘿蔔素來源可以轉換成維生素 A、維持視力清晰。

看到我創作出這麼多的美味健康菜，很多人都非常好奇地問，到底石鍋和砂鍋都會用在哪些料理當中？答案是，由於藥性的關係，藥膳不可以用鐵鍋或不銹鋼鍋等金屬鍋具裝盛，而石鍋和砂鍋不僅非常適合，還具有保溫和促進協同作用等兩大功效，本書其他料理和本道料理就是依此原則挑選鍋具。

食材

- 藥膳包（白參、茯苓、白朮、石斛、玉竹、生地、雞血藤）
- 紅蘿蔔……80公克
- 青花菜……80公克
- 蛤蜊……300公克
- 薑片……少許
- 米酒……少許
- 鹽巴……少許
- 枸杞……適量
- 芝麻油……適量

作法

01 紅蘿蔔切塊；藥膳熬成湯；蛤蜊用點鹽泡水吐沙後備用。

02 將薑片、紅蘿蔔、青花菜放入鍋內，淋上芝麻油後開啟火源，微炒後再放入藥膳湯、蛤蜊，用鹽、米酒調味後悶煮。

03 所有的食材悶煮熟成、蛤蜊開口後，放入枸杞，起鍋即可食用。

02

02

03

94 鰻魚起司玉子鍋

改善飛蚊症

日本江戶時代的名菜「鰻魚柳川鍋」就是這道料理的創意來源。而主角鰻魚不只是極致美食的代表，所含營養素更能夠預防飛蚊症等眼部疾病。我更特地加入了起司、高麗菜、南瓜、青花菜和鳳梨，不僅讓料理風味更多元，滋味更豐富，也使得本道料理成為健眼、護眼的代表性菜餚之一。

食材

蒲燒鰻	250 公克	雞蛋	2 顆
高麗菜絲	120 公克	蒜頭	5 瓣
南瓜絲	30 公克	咖哩粉	少許
青花菜	50 公克	香菜	適量
香菇絲	30 公克	鹽巴	適量
起司	60 公克	昆布醬油	適量
小魚乾高湯	350cc	橄欖油	適量
鳳梨丁	30 公克	研磨胡椒	少許

作法

01 高麗菜、南瓜、香菇切絲；鳳梨切丁；蒲燒鰻切塊備用。

02 將高麗菜絲、香菇絲、南瓜絲、青花菜放入鍋內，加入蒜頭與橄欖油炒香。倒入小魚乾高湯，並用鹽、昆布醬油、胡椒調味，放入蒲燒鰻魚悶煮至入味。

03 起鍋前將蛋打散，平均倒入鍋內直到蛋液凝固，接著加入起司、鳳梨丁、香菜即可食用。

淑惠營養師的關鍵食材營養教室

01 鰻魚：少數同時含有豐富維生素 A 和 B12，微量元素鐵和鋅的魚種，可以同時護眼與補血。而且油脂組成中 DHA 高達 1194mg/100g，能對腦部和眼睛充分保養。而且蒲燒鰻魚是連皮帶骨一起吃，豐富膠原蛋白和鈣都可以補充，對骨骼和皮膚也有益處。

02 想要預防飛蚊症，要多吃具有強抗氧化性植化素的蔬果，藉助清除眼睛中自由基，減少飛蚊症發生，特別是含有葉黃素和玉米黃素的蔬果，例如南瓜、鳳梨、青花椰都有此效果。特別是近年有研究發現鳳梨酵素有幫助溶解眼睛玻璃體中蛋白質聚集纖維，有減少混濁、減輕飛蚊症狀的功效。

95
醬燒果香鯖魚

防乾眼、保溼

淑惠營養師的關鍵食材營養教室

01｜想要保護眼睛必須攝取足夠維生素 A，維生素 A 分泌黏糖蛋白於細胞膜外層，使眼睛濕潤，能避免感染。本料理採用的青椒、紅椒是 β-胡蘿蔔素的來源，可在人體中轉換成為生素 A。

02｜眼睛視網膜感光細胞膜的主要成分是 DHA，也只有 DHA 可以透過血視網膜屏障進入眼睛血管。因此飲食中能攝取足夠 DHA，就能使眼睛降低氧化壓力、減少發炎、維持感光細胞正常運作。鯖魚是富含 ω-3 脂肪酸的魚種，其 DHA 比 EPA、ALA 都高，攝取鯖魚不單護心，也對預防乾眼症有益。

這道料理除了使用鯖魚，更加入了蘋果、鳳梨等水果。另外，挑選鯖魚最好選擇新鮮、肥美的，才能攝取到好的油脂和營養素。至於水果除了添色、添味之外，其中所含的各種酵素還能軟化、改變肉類的組成和風味，更添美味與功效。

食材

鯖魚	1尾	鹽巴	少許
青椒	20公克	醬油	少許
紅甜椒	20公克	糖	少許
蒜頭	2瓣	番茄醬	適量
蘋果	適量	白醋	少許
核桃	適量	香菜	少許
鳳梨	80公克	地瓜粉	適量
胡椒粉	適量	橄欖油	適量

作法

01 青椒、紅甜椒、蘋果、鳳梨切丁；鯖魚沾上地瓜粉，下鍋煎至上色後取出備用。

02 鍋內放入蒜頭、青椒、紅甜椒，用橄欖油炒香後，放入蘋果丁、鳳梨丁。

03 最後放入鯖魚和核桃，用醬油、鹽、胡椒粉、糖、番茄醬、白醋調味，拌炒均勻，收汁後即可起鍋，最後用香菜盤飾。

96
蔬果鮭魚佐芥末醬汁沙拉

保護口腔

這原本只是一道普通的蔬果沙拉，但是因為加入了芥末醬做為沙拉醬的基本原料，和香菇、蘋果、芭樂、芹菜、洋蔥，甚至綠茶這些能夠有效清潔和保護口腔的食材一起發揮作用，成為一道清香中帶點嗆辣味的特殊功能性沙拉。不只非常夠味，亦非常有效！

食材

食材	份量	食材	份量
鮭魚	300 公克	松露油	適量
香菇	5 朵	胡椒	少許
蘋果	1 顆	綠茶高湯	適量
芭樂	1 顆	昆布醬油	少許
芹菜	50 公克	橄欖油	適量
洋蔥	1 顆	鹽巴	少許
芥末	適量	起司粉	適量

作法

01 洋蔥切絲；香菇、芭樂、蘋果切塊，芹菜切段備用。

02 將鮭魚撒上些許的鹽巴，放入鍋內用橄欖油煎至金黃酥脆，再加入香菇一同煎香。

03 將洋蔥絲及各式蔬果放入調理盆內，再加入鮭魚拌勻；準備一個調理缽，依序加入芥末、昆布醬油、綠茶高湯、鹽巴、胡椒、松露油等調味料，攪拌均勻後淋上調理盆裡的鮭魚蔬果。

04 將所有食材盛盤擺飾，撒上起司粉即可食用。

03

04

淑惠營養師的關鍵食材營養教室

01 | 注意口腔保健才能有強壯的牙齒咀嚼食物、攝取營養。因此必須每天潔牙。其實蔬果中的粗纖維在口腔中咀嚼時就像牙刷一樣有潔牙的功效，本料理中採用的蘋果、芭樂、洋蔥、芹菜等都是粗纖維蔬果，具有潔牙效果。另外洋蔥所含的含硫化物也能對口腔中壞菌產生抑制效果。

02 | 牙齒本身就屬骨骼組織，由骨基質和礦物質組成，因此飲食中蛋白質、鈣和維生素 D 就是強健牙齒因子，鮭魚同時具有優質蛋白質和維生素 D，香菇有維生素 D 和鈣質，對口腔保健都是很好的食材。

03 | 氟是保護琺郎質不受侵蝕的營養素，綠茶是少數可以提供氟的食材。

97 雙色花椰菜焗燒雞肉

遠離蛀牙、牙周病

淑惠營養師的關鍵食材營養教室

01 | 雙色花椰菜：歐洲齒科期刊曾發表過花椰菜等十字花科蔬菜因含植物性鐵質，會在牙齒琺郎質上形成一層保護膜避免酸性物質侵蝕。加上花椰菜粗纖維多，有類似牙刷作用可以幫忙潔牙，而達到預防牙周疾病功效。

02 | 起司：美國一般牙醫學期刊曾建議多吃起司（特別是切達起司），乳酪可以增加唾液分泌、改變口腔酸鹼度、減少蛀牙發生。

03 | 葡萄乾：有研究發現無子葡萄果乾因含有齊墩果酸可以在口腔產生抑菌效果，因而可預防牙周病。

我在研發食譜的時候，一定會針對主題蒐集相關食材的功效。而我在了解到葡萄乾和起司這兩種是看似會傷害牙齒，實則是能保護牙齦、遠離蛀牙的好食材之後，二話不說馬上放入本道料理中，將原本已經很豐富的料理更增添了甜味和香味。

食材

雞腿排	300 公克
白花菜	100 公克
青花菜	100 公克
鳳梨	30 公克
起司絲	80 公克
葡萄乾	少許
番茄	30 公克
高湯	少許
起司粉	30 公克
鹽巴	少許
義大利綜合香料	適量
橄欖油	適量

作法

01 番茄、鳳梨切塊後備用。

02 將雞腿排用少許的鹽巴及義大利綜合香料醃製過後，放入鍋內加入橄欖油煎至金黃酥脆。

03 將白花菜、青花菜及鳳梨放入鍋內，再加入些許的高湯後，加點鹽，撒上起司絲、放上番茄悶燒約 2 分鐘。

04 起鍋後撒上葡萄乾及義大利綜合香料、起司粉即可食用。

02

04

03

98
蓮藕紅燒松阪肉

預防呼吸道感染、止鼻血、活化皮膚

蓮藕是出了名能夠清肺、養肺的好食材，一般和蜂蜜一起食用，有預防和改善感冒等呼吸道問題的功效。而在這裡，和有特殊口感、油脂的松阪肉一起紅燒，用蜂蜜取代了糖的甜味，不僅具備糖所沒有的功效，更以其獨特的風味讓整道菜上升了一個檔次，既好吃又營養。

食材

食材	份量	食材	份量
蓮藕塊	120 公克	香菜	適量
紅蘿蔔	100 公克	米酒	適量
松阪豬肉	200 公克	醬油	1 大匙
木耳	20 公克	蠔油	1 小匙
蒜頭	6 瓣	香油	適量
辣椒	1 條	蜂蜜	適量
薑片	3 片	苦茶油	適量

作法

01 蓮藕、紅蘿蔔切塊備用。

02 將蓮藕及紅蘿蔔水煮軟化、松阪豬肉切成薄片後備用。

03 鍋內放入苦茶油，加入蒜頭、薑片、蓮藕、紅蘿蔔、木耳、辣椒一同炒至聞到香氣。

04 將松阪豬肉片放入後迅速翻炒，並加入蠔油、醬油、香油、蜂蜜等調味料紅燒悶煮，起鍋後放入香菜即可食用。

淑惠營養師的關鍵食材營養教室

01 | 蓮藕：可食藥兩用，味甘性平，可潤肺止咳，補養益氣。中醫典籍記載蓮藕可以柔軟動脈血管，有活血化瘀功效。其含豐富維生素 P（類黃酮素）可以柔軟細小血管內膜、避免破裂。另外維生素C含量比柑橘還高，可防止黑色素沉積，讓肌膚不易出現雀斑、黑斑。

02 | 胡蘿蔔：紅色的來源為 β- 胡蘿蔔素，可以在體內轉化為維生素 A，分泌黏糖蛋白、滋潤細胞，使細菌病毒不易入侵，還能強壯呼吸道黏膜細胞，也可以防止眼角膜乾燥、潤澤皮膚避免皮膚角質化。

99
魚香茄子豆腐

預防身體發炎、預防常態性流鼻血

淑惠營養師的關鍵食材營養教室

01 | 一般魚香茄子在爆香蔥、薑、蒜之後，都以豆瓣醬提味，但此道料理以新鮮番茄的酸甜味來取代豆瓣醬，大大降低了鹽分的攝取，對血管多一層保護。加上番茄的茄紅素原本就可保護血管內膜，更能維持心血管的彈性、不脆化。

02 | 本道料理利用茄子豐富的果膠，其在烹煮後會吸附水分、成黏稠狀，取代澱粉的勾芡，因而減少精緻澱粉的使用。而且茄子含有豐富花青素，可以抑制前列腺素合成，大大減緩身體發炎反應。其抗氧化性強，保護小血管通透性，對常流鼻血的狀況有助益。

魚香茄子沒有魚，這一點大家應該都知道。但是，我們這道就是「有魚的魚香茄子」。用無鹽鯖魚肉丁取代豬絞肉，同時還加入板豆腐增加口感和分量；另外，這道料理的油脂我們也減半了，因此，整道料理多了清香，少了油膩，吃起來更舒服、更健康，也更養生。

食材

食材	份量	食材	份量
無鹽鯖魚肉丁	150 公克	香菜	適量
茄子	1 條	低鈉番茄醬	1 匙
板豆腐	1 塊	薄鹽醬油	適量
乾香菇	2 朵	花椒粉	少許
番茄	50 公克	胡椒粉	少許
蒜頭	6 瓣	深海魚高湯	適量
洋蔥	30 公克	橄欖油	適量

作法

01 魚肉、板豆腐、洋蔥、番茄切丁；乾香菇用水泡發後切絲；茄子切塊後，放入橄欖油炒軟起鍋備用。

02 鍋內放入魚肉丁，逼出魚肉的油脂，再放蒜頭、洋蔥、乾香菇絲、胡椒粉、花椒粉炒香後，把番茄丁、豆腐丁一同下鍋，加入高湯、醬油和番茄醬煮滾。

03 最後放進已炒軟的茄子，炒至收汁、呈現濃稠狀，起鍋前灑入香菜即可。

100
金沙嫩豬肝

強健髮根

豬肝是我從小就常吃、愛吃的食物，鹹蛋也是，尤其鹹蛋黃的那種濃厚的味道，感覺吃一口就能深達內心。但是豬肝常見的做法就是麻油豬肝、豬肝湯、炒豬肝等一成不變的煮法。於是，當要在節目中做出強健髮根的健康美食時，我就想到可以將這兩者結合起來。當然，味道也意外地好，大受歡迎，獻給大家。

作法

01 乾香菇泡水後切絲、豬肝切成薄片後用滾水汆燙後洗淨，再加入米酒、醬油、胡椒粉抓醃備用。

02 鍋子放油，鹹蛋黃炒至冒泡、呈現沙狀，再下泡過水的乾香菇絲、蒜頭、辣椒一同炒香後，再加入毛豆、豬肝拌勻。

03 起鍋後擺上香菜碎即可食用。

食材

豬肝片..150 公克
鹹蛋黃.........2 顆
毛豆仁....50 公克
乾香菇.........3 朵
辣椒............1 條
蒜頭............3 瓣
香菜...........少許
米酒...........適量
醬油...........適量
胡椒粉........少許
橄欖油........適量

02

02

03

淑惠營養師的關鍵食材營養教室

毛豆的蛋白質、豬肝（動物內臟）和蛋黃的維生素 B7、香菇裡的礦物質銅，可以強健髮根，有助預防掉髮。另外從中醫觀點來看，豬肝除了能夠護髮，更有補血、補腎作用。

01｜豬肝：豐富的維生素 B 群、礦物質（鐵、鋅）都能使造血機能更好、皮膚營養狀態提升、改善髮質。

02｜蛋黃：豐富的生物素（維生素 B7）參與細胞分裂，強壯髮根避免脫落。

03｜香菇：提供微量元素銅，協同鐵的造血機能，改善髮質。

雷神

主廚的對症健康菜

御廚雷議宗＋中西營養師權威黃淑惠，精心設計100道家常宴客菜，以日常飲食方打造不生病體質，從降血糖、控制膽固醇、抗癌、防失智，到平衡免疫力等8大類身心失調，統統搞定

作　　者／雷議宗・黃淑惠
食譜示範／雷議宗
責任編輯／林志恒・梁志君・蔡毓芳
攝　　影／張宗淳・林志恒
封面設計／連紫吟・曹任華
內頁設計／余德忠

發 行 人／許彩雪
總 編 輯／林志恆
圖書行銷／林威志
出 版 者／常常生活文創股份有限公司
地　　址／台北市106大安區信義路二段130號

讀者服務專線／(02) 2325-2332
讀者服務傳真／(02) 2325-2252
讀者服務信箱／goodfood@taster.com.tw

法律顧問／浩宇法律事務所
總 經 銷／大和圖書有限公司
電　　話／(02) 8990-2588(代表號)
傳　　真／(02) 2290-1628

製版印刷／龍岡數位文化股份有限公司
初版一刷／2022年10月
定　　價／新台幣460元
I S B N／978-626-96006-3-2

FB｜常常好食　網站｜食醫行市集

國家圖書館出版品預行編目(CIP)資料

雷神主廚的對症健康菜：御廚雷議宗＋中西營養學權威黃淑惠，精心設計100道家常宴客菜，以日常飲食方打造不生病體質，從降血糖、控制膽固醇、抗癌、防失智，到平衡免疫力等8大類身心失調，統統搞定／雷議宗，黃淑惠著. -- 初版. -- 臺北市：常常生活文創股份有限公司，2022.09
面；　公分
ISBN 978-626-96006-3-2(平裝)

1.CST: 食譜 2.CST: 健康飲食

427.1　　111014353